ro
ro
ro

ro
ro
ro

FRANZI RUHNAU, geboren 1986, weiß aus eigener Erfahrung, wie stark der Zyklus die mentale Gesundheit beeinflussen kann und wie befreiend es ist, den eigenen Körper endlich zu verstehen. Sie ist Kultur- und Sozialwissenschaftlerin, zertifizierte systemische Coachin und eine der ersten ausgebildeten Zyklus-Coachinnen im deutschsprachigen Raum. Sie begleitet Menschen durch die Untiefen von PM(D)S, Erschöpfung und Stimmungsschwankungen. Mit der Gründung von «Zyklus Power» macht sie deutlich: Zykluswissen gehört nicht nur in die Köpfe, sondern mitten ins Leben – dahin, wo PM(D)S, Beziehungskrisen und Deadlines aufeinandertreffen.
«Zyklus Power» ist ihr erstes Buch – eine Einladung, den eigenen Zyklus nicht länger als Störfaktor zu sehen, sondern als Kompass für Klarheit, Gelassenheit und Selbstvertrauen im Alltag. Franzi lebt mit ihrem Mann in Berlin, liebt einen guten Schwitz in der Sauna, Gespräche mit Tiefgang und Pasta.
www.zykluspower.de

Ein bewusster Umgang mit dem Zyklus ist nicht nur eine Frage von körperlichem Wohlbefinden – er ist essenziell für unsere mentale Gesundheit. Wer versteht, wie Hormone unsere Energie, Emotionen und das Denken beeinflussen, kann nicht nur Krisen vorbeugen, sondern auch mehr Balance, Selbstfürsorge und Stabilität in den Alltag bringen. Wir brauchen ein System, das uns vor dem Ausbrennen bewahrt und zyklische Gesundheit als essenziellen Teil von mentaler Gesundheit anerkennt.

FRANZI RUHNAU

ZYKLUS POWER

WIE DEIN ZYKLUS ZUM SCHLÜSSEL DEINER MENTALEN GESUNDHEIT WIRD

ROWOHLT TASCHENBUCH VERLAG

1. Auflage

Originalausgabe
Veröffentlicht im Rowohlt Taschenbuch Verlag,
Kirchenallee 19, 20099 Hamburg, April 2026

Innenillustrationen Franzi Ruhnau

Covergestaltung zero-media.net, München
Coverabbildung FinePic®, München
Satz aus der Pensum Pro
bei Dörlemann Satz, Lemförde
Druck und Bindung GGP Media GmbH, Pößneck
ISBN 978-3-499-01893-0

Kontaktadresse nach EU-Produktsicherheitsverordnung:
produktsicherheit@rowohlt.de

MIX
Papier | Fördert
gute Waldnutzung
FSC® C014496

Für dich
Und für mich

INHALT

DISCLAIMER

Dieses Buch ersetzt keine ärztliche Konsultation. Für eine genaue Diagnose und Behandlung suche immer eine medizinische Fachkraft deines Vertrauens auf.
Falls deine eigenen Gedanken darum kreisen, dir das Leben zu nehmen, sprich bitte unbedingt mit anderen Menschen darüber! Es gibt zahlreiche, auch anonyme Hilfsangebote. Die Telefonseelsorge ist rund um die Uhr erreichbar unter 0800 111 0 111 und 0800 111 0 222. Der Anruf ist kostenlos und taucht nicht in der Telefonrechnung auf. Und der Notruf 112 ist auch immer für dich da.

CONTENTWARNUNG

Dieses Buch thematisiert in einzelnen Passagen suizidale Gedanken, Depressionen und psychische Krisen. Bitte lies die entsprechenden Kapitel mit Vorsicht und dem Bewusstsein für deine eigene mentale Verfassung.

SPRACHE UND PERSPEKTIVE

Geschlecht ist ein soziales Konstrukt, doch in diesem Buch wird auch die Biologie menstruierender Körper thematisiert, da sie für das Thema zentral ist. Nicht jede Frau blutet, und auch Männer können menstruieren. Ich wünsche mir, dass auch queere Menschen sich mit meinem Buch wohlfühlen, sich darin wiederfinden und gesehen fühlen. Zugleich sind die Konstrukte von Frausein und Weiblichkeit eng mit dem Menstruationszyklus verknüpft und mit Bewertungen und Abwertungen belegt, um die es hier auch geht. Deshalb erscheint es mir am echtesten, abwechselnd von «Menstruierenden» und «Nicht-Menstruierenden» sowie von Frauen und Frauen* zu sprechen. So handhabe ich es auch im Alltag, und so entspricht es vermutlich der gelebten Realität von vielen Menschen. Die Macht der Worte ist groß, daher bemühe ich mich grundsätzlich um eine zukunftsgerichtete Sprache, die alle Menschen einschließt.

Ich schreibe aus der Perspektive einer *weißen*, cis-hetero Frau aus einem privilegierten Umfeld. Dieses Bewusstsein fließt in meine Arbeit ein, da systemische Ungleichheiten und Privilegien in unserem Alltag und in den Erfahrungen rund um den Zyklus eine große Rolle spielen.

1.
WORKING YOUR WAY BACK TO YOURSELF

Sie sind halt eine Frau, Sie müssen damit klarkommen.»
Die Worte der Ärztin treffen mich wie ein Schlag. Alles in mir zieht sich zusammen. Meine Kehle schnürt sich zu, meine Brust brennt, meine Gedanken rasen. *Damit klarkommen?* Aber ich komme nicht klar. Seit Jahren nicht. Jeden Monat diese Dunkelheit, diese Stimmen, die mir einreden, dass alles sinnlos ist. Und dann stehe ich da, am Fenster, und denke: Vielleicht springe ich einfach. Dann bin ich erlöst.
Jetzt kann ich die Tränen nicht mehr zurückhalten. Heiß laufen sie mir über die Wangen, mein Gesicht, den Hals, die Brust. Alles heiß, pulsierend, eng.
«Ihre Blutwerte weisen keine Anomalien auf, aber ich kann Ihnen die Pille verschreiben.»
Echt jetzt?, denke ich. Dafür habe ich mir sechsmal Blut abnehmen lassen und Monate auf den Termin gewartet?
Ich spüre Wut in mir hochkochen.
«Nein danke. Wie schon gesagt, die Pille habe ich nie vertragen. Das ist für mich keine Option. Gibt es denn keine andere Lösung?»
«Sie können es mit Magnesium und einer Anpassung Ihres Lebensstils probieren ...»
What the actual fuck?
«Danke erst mal, ich überlege es mir», sage ich.
Warum habe ich das jetzt gesagt? Egal, ich muss hier raus. Panik steigt in mir auf. Wut und Verzweiflung brennen mir in der Brust. Mein Herz schlägt wie wild, als ich weinend die Treppe hinuntereile. Endlich draußen. Frische Luft. Atmen. Da stehe ich nun, mitten auf der Friedrichstraße in Berlin. Allein. Ratlos.

Wie kann das sein? Das ist doch nicht normal? All die dunklen Gedanken – vor ein paar Wochen habe ich ernsthaft an Suizid gedacht –, der Streit mit Mario, die Scham. Mein Gefühl, allein und isoliert zu sein, war real. Und das soll jetzt einfach mit der Pille geregelt werden?

Ich war nicht nur wütend, ich fühlte mich völlig allein gelassen. Hilflos, ohnmächtig, ausgeliefert. Vor diesem Arztbesuch hatte ich bereits unzählige andere bei Gynäkolog*innen, Therapeut*innen und Endokrinolog*innen* hinter mir. Mein Verdacht, dass meine Symptome mit meinen Hormonen oder meinem Zyklus zusammenhängen könnten, wurde immer wieder abgeschmettert – ohne Antworten, nur mit der üblichen Aussichtslosigkeit.

Was ich in diesem Moment gebraucht hätte, war jemand, der mir sagt: «Franzi, du bist nicht *verrückt*.** Es ist nicht deine Schuld. Gib nicht auf, es gibt eine Erklärung und eine Lösung für deine krassen Moodswings.»

Stattdessen war ich überwältigt von Wut, Verzweiflung und Hoffnungslosigkeit. Meine Partnerschaft lag in Scherben, mein Job erschien mir sinnlos, und Konflikte mit Freund*innen häuften sich. Ich fühlte mich, als würde ich innerlich zerbrechen, unfähig, so weiterzuleben. Der Abgrund vor mir war tiefschwarz und offen. Und das schon seit einer langen Zeit.

Vor zehn Jahren war ich Ende zwanzig und erlebte extreme Stimmungsschwankungen – von himmelhoch jauchzend bis

* Ich gendere in diesem Buch recht frei – so wie wir es alle aus unserem Alltag kennen. Manchmal gendere ich, manchmal verwende ich die weibliche Form, manchmal die männliche, häufig auch die geschlechtsneutrale.

** *Verrückt* ist kursiv gesetzt, um die Stigmatisierung des Begriffs zu reflektieren. Inspiriert von Lea De Gregorios Buch «Unter Verrückten sagt man du» nutze ich ihn hier bewusst im Sinne des positiven Reclaimings, weil er mein Gefühl und meine Gedanken am treffendsten beschreibt.

zu Tode betrübt, und das meine komplette zweite Zyklushälfte hindurch. Sobald ich anfing zu bluten, war fast schlagartig alles wieder gut. Doch wenn es wieder losging, fühlte es sich jedes Mal an, als ob jemand das Licht in meiner Welt ausgeschaltet hätte. Ich war depressiv, wütend und aggressiv, konnte teilweise kaum aus dem Bett kommen, geschweige denn zur Arbeit gehen. Kurz: Dr. Jekyll und Ms Hyde waren in mir eingezogen.

Ich dachte wirklich, ich sei *verrückt*. Vielleicht bipolar. Ich ging von Ärztin zu Ärztin, doch die Ergebnisse waren immer gleich: Meine Blutwerte waren «normal», und die Sprüche aus dem Bullshit-Bingo, äh, Sprechzimmer reichten von «Stellen Sie sich nicht so an» bis zu «Werden Sie schwanger, dann haben Sie wenigstens neun Monate Ruhe».

Was ich damals nicht wusste: Ich war nicht *verrückt* – es gab eine Erklärung für die Dunkelheit, die mein Leben bestimmte: PMDS, die prämenstruelle dysphorische Störung. Sie ist eine Erkrankung, die weit über das hinausgeht, was viele als PMS kennen. Etwa 3 bis 8 % aller Menstruierenden sind von PMDS betroffen – das sind allein im deutschsprachigen Raum bis zu 2,6 Millionen Menschen.[1] Vergleichbar mit der Verbreitung von Migräne in Deutschland, bloß mit dem Unterschied, dass jede*r schon mal von Migräne gehört hat. Die Zahlen für PMDS liegen wahrscheinlich noch deutlich höher, doch die Datenlage ist dünn.

PMDS wird oft mit PMS verwechselt, dabei sind die Unterschiede gravierend. Während PMS eine Mischung aus körperlichen und emotionalen Symptomen beschreibt, die von mild bis schwer reichen können, bringt PMDS vor allem extreme psychische Symptome mit sich. Diese Symptome können so stark sein, dass sie die Lebensqualität massiv beeinträchtigen:

- 72 % der Menschen mit PMDS berichten von Suizidgedanken
- 49 % planen einen Suizidversuch
- 34 % haben versucht, sich das Leben zu nehmen
- Durchschnittlich 12 Jahre und sechs Arztbesuche braucht es, bis eine Diagnose gestellt wird
- Durch die schweren Symptome verlieren Menschen mit PMDS im Durchschnitt sieben Jahre Lebensqualität[2]

IS THIS YOU?

Du versuchst, dein Leben in die guten Tage des Monats zu quetschen? Alles aufholen, alles erledigen, alles unter einen Hut bringen – in der kurzen Zeit, in der du dich überhaupt nach dir selbst fühlst? Oder du weißt nicht mal mehr genau, wann du dich das letzte Mal wirklich energiegeladen und klar gefühlt hast?

An den anderen Tagen geht einfach gar nichts: zu deprimiert, zu hoffnungslos, zu verzweifelt, um auch nur irgendetwas anzupacken. Oder du merkst einfach, dass alles schwererfällt, selbst die Dinge, die dir sonst leicht von der Hand gehen.

Scham bestimmt deine Gedanken: Du fragst dich, ob das normal ist und warum du manchmal aus der Haut fährst, Dinge sagst oder fühlst, die nicht zu dir zu passen scheinen. Warum du in manchen Momenten nicht wiederzuerkennen bist – für andere, aber vor allem für dich selbst. Und dann kommt die Scham: die Stimmungsschwankungen, die impulsiven Reaktionen, das Gefühl, nicht die Kontrolle zu haben. Wie erklärst du das, wenn es keine Worte dafür gibt? Du wünschst dir ein Loch im Boden, um einfach zu verschwinden – nicht gesehen zu werden, nicht erklären zu müssen, was du selbst kaum greifen und nicht verstehen kannst.

Deine Kraft reicht nicht aus, um einfach nur zu funktionieren: Selbst die alltäglichsten Aufgaben fühlen sich an, als würdest du einen steilen Berg hinaufklettern – ohne Ausrüstung, bei Gegenwind. Jeder Schritt verlangt mehr, als du geben kannst, und trotzdem musst du weiter. Der Gipfel, an dem alles einfacher sein sollte, bleibt außer Reichweite.

Als ich zum ersten Mal die Liste der PMDS-Symptome gelesen habe, war es, als würde ich in einen Spiegel schauen. Endlich fand ich Worte für das, was ich durchlebte, und hatte zum ersten Mal das Gefühl, nicht allein zu sein. Es war ein Hoffnungsschimmer: *This could be me.* Vielleicht gibt es wirklich eine Erklärung für meinen Zustand. Hier die Symptome, bei denen ich damals überall einen Haken setzen konnte (alle PMDS-Symptome findest du in Kapitel 4):

Extreme Reizbarkeit und Wut: unkontrollierbare Aggression, Impulsivität oder das Gefühl der Überforderung

Angstzustände und Anspannung: permanente innere Unruhe oder Sorgen, die sich nicht abschwächen lassen

Depressionen: tiefes Gefühl der Hoffnungslosigkeit oder Wertlosigkeit, oft verbunden mit Energieverlust

Suizidale Gedanken: Gedanken an Selbstverletzung oder Lebensüberdruss (in besonders schweren Fällen)

Was die PMDS-Symptome von anderen psychischen Erkrankungen unterscheidet, ist ihr klarer zeitlicher Zusammenhang mit dem Menstruationszyklus: Sie treten ausschließlich in der Lutealphase (also nach dem Eisprung) auf und klingen in der Regel *umgehend* mit Beginn der Menstruation wieder ab. Es ist wichtig zu betonen, dass PMDS keine psychische Erkrankung ist, sondern laut der Klassifikation der WHO (ICD-11) als gynäkologische Erkrankung definiert wird. Dieser Unterschied unterstreicht den hormonellen Ursprung der Symptome und grenzt sie von anderen psychischen Störungen ab. Wichtig dabei und oft falsch dargestellt: PMDS ist keine hormonelle Dysbalance, sondern eine sehr empfindliche Reaktion der Rezeptoren im Gehirn auf die natürlichen Schwankungen der Hormone im Menstruationszyklus.

Trotz dieser erheblichen Belastung ist PMDS weitgehend unbekannt, was es Betroffenen erschwert, wirksame Hilfe zu finden. Diese Form des zyklusabhängigen Leidens verdient viel mehr Aufmerksamkeit und Verständnis, um die dringend benötigte Unterstützung zu bieten.

Durch die Liste von Symptomen ergaben plötzlich all die dunklen Gedanken, die unerklärlichen Ausraster und die tiefen Täler in meiner zweiten Zyklushälfte einen Sinn. Es war nicht einfach «nur PMS». Es war PMDS. Es gab endlich eine Erklärung und vielleicht sogar eine Lösung, eine hilfreiche Behandlung. Der Hoffnungsschimmer war neu entfacht.

Ich begann, meinen Zyklus zu tracken, und erkannte durch das tägliche Aufzeichnen meines Zyklus, insbesondere meiner Stimmungen, klare Muster, die den Zusammenhang zwischen meinen Symptomen und meinem Zyklus zeigten. Ich übertreibe wirklich nicht, wenn ich sage: Zyklustracking hat mein Leben und meine Ehe gerettet. Es wurde mein Anker, mein Kompass für den Alltag und führte schließlich zu meiner PMDS-Diagnose.

Was sich verändert hat? Mario und ich verstanden endlich, warum wir uns jeden Monat zermürbend stritten und wie wir das ändern konnten. Natürlich lag nicht jeder Streit an PMDS, aber die Art und Weise, wie wir miteinander umgingen, war oft davon geprägt.

Heute, sechs Jahre nach meiner offiziellen Diagnose, stehe ich in meiner Kraft und kann wirklich ich selbst sein, ohne ständig Energie darauf zu verwenden, irgendwie klarzukommen. Mario und ich sind so glücklich wie nie. Ich bin gelassener und lebe endlich ein Leben, das sich leicht und stimmig anfühlt.

Und spätestens jetzt ist es höchste Zeit, mich dir noch etwas genauer vorzustellen. :)

Hi, ich bin Franzi, 39 Jahre alt, lebe seit über zwölf Jahren in Berlin und bin zertifizierte systemische Coachin sowie eine der wenigen zertifizierten Zyklus-Coachinnen im deutschsprachigen Raum. In den letzten vier Jahren habe ich mit über 400 Menschen in Coachings und Workshops daran gearbeitet, wie sie ihren Zyklus verstehen, nutzen und in ihren Alltag integrieren können.

Apropos Alltag: Der sieht im kapitalistischen Patriarchat alles andere als zyklusfreundlich aus – selbst der Menstruationszyklus wird häufig als etwas betrachtet, das optimiert werden muss, um noch produktiver zu sein. Und genau deswegen ist die meistgestellte Frage in meinen Coachings und Workshops: «Wie bekomme ich dieses Wissen denn bitte in meinen Alltag integriert?» Genau das ist mein Ding – dir praktische, alltagstaugliche Antworten zu geben, die wirklich funktionieren. Und zwar nicht, um dich immer weiter zu optimieren, sondern um dich einfach rundum wohlzufühlen.

Meine Mission? Ich will, dass niemand mehr im Schweigen an seinem*ihrem Zyklus leidet. Ich habe Zyklus Power gegründet, damit Menschen, die unter teilweise enormen zyklusabhängigen Moodswings leiden, endlich verstehen, was mit ihnen los ist, und sich besser fühlen – körperlich, mental, emotional.

In diesem Buch liegt der Fokus auf PMDS, aber die Tools und Methoden sind weit darüber hinaus anwendbar – auch für Menschen, die mit Stimmungsschwankungen, Erschöpfung oder einem herausfordernden Zyklus zu kämpfen haben.

Denn ein bewusster Umgang mit dem Zyklus ist nicht nur eine Frage von körperlichem Wohlbefinden – er ist essenziell für unsere mentale Gesundheit. Wer versteht, wie Hormone Emotionen, Energie und Denken beeinflussen, kann nicht nur Krisen vorbeugen, sondern auch mehr Balance, Selbstfürsorge und Stabilität in den Alltag bringen. Ich weiß, wie es ist, sich jahrelang schlecht und verzweifelt zu fühlen – und genau deshalb weiß ich auch, dass Selbstfürsorge allein nicht ausreicht. Wir brauchen mehr als Akzeptanz: Wir brauchen ein System, das uns nicht ausbrennen lässt, sondern zyklische Gesundheit als essenziellen Teil von mentaler Gesundheit anerkennt.

Okay, jetzt habe ich sehr oft von «mentaler Gesundheit» geschrieben – lass uns klären, wovon wir reden.

WAS MEINE ICH, WENN ICH MENTALE GESUNDHEIT SAGE? WAS BEDEUTET DAS EIGENTLICH GENAU?

Die Weltgesundheitsorganisation beschreibt mentale Gesundheit als einen Zustand des Wohlbefindens, in dem Menschen ihre Fähigkeiten entfalten, mit den Belastungen des Lebens umgehen, produktiv arbeiten und zur Gemeinschaft beitragen können. Wichtig dabei: Die WHO betont ausdrücklich, dass psychische Gesundheit mehr ist als die Abwesenheit

von Krankheit. Sie existiert auf einem komplexen Kontinuum, das jeder Mensch anders erlebt – mit unterschiedlichen Graden von Schwierigkeit, Belastung und sozialen Folgen.[3]
Das finde ich klug und ehrlich. Denn niemand bleibt immer gleich. Manchmal bist du resilient, manchmal dünnhäutig, und beides ist normal. Wir alle schwanken, je nach Lebensphase, Hormonen, Umfeld, Stress oder Schlaf. Mentale Gesundheit bedeutet also nicht, dass du dich immer «superduper» fühlst. Es bedeutet, die Fähigkeiten und Ressourcen zu haben, mit den Herausforderungen des Lebens umzugehen – im Lebensverlauf, mit all seinen Ups and Downs. Und doch merkt man der Definition ihren Ursprung an: Sie ist stark leistungsorientiert und individualistisch geprägt. Gesundheit wird hier vor allem als Funktionsfähigkeit gedacht, als etwas, das man selbst «hinbekommen» soll.
Mir fehlt darin das, was uns als Menschen täglich durch das Leben trägt und prägt, wie wir das Leben wahrnehmen und erleben: unsere Beziehungen zu anderen Menschen, unsere Körper und die Umgebung, Gesellschaft und Bedingungen, in denen wir leben.
Vielleicht erklärt das auch, warum so viele von uns müde sind. Weil uns mehr Gemeinschaft fehlt. Weil wir in einer Gesellschaft leben, die Trennung, Selbstoptimierung und Dauerleistung belohnt, aber wenig Räume schafft, in denen echte Begegnung möglich ist.
Darum braucht es eine erweiterte Definition – eine, die den Körper nicht vergisst: Für mich ist mentale Gesundheit die Fähigkeit, in Beziehung zu bleiben – mit dir selbst, deinem Körper und der Welt – im Lebensverlauf, mit all seinen Herausforderungen und Ups and Downs.

Die mentale Gesundheit ruht auf drei Säulen:
Beziehungsfähigkeit
Zu dir, zu anderen, zur Umwelt. Mentale Gesundheit ist nicht die Abwesenheit von Symptomen, sondern die gelebte Fähigkeit, in Verbindung zu bleiben, auch wenn es stürmt. Das heißt: Du kannst spüren, was du brauchst, und dich anderen zumuten, ohne dich zu verlieren.
Körper- und Hormonbezug
Weil das, was wir fühlen und denken, auch biochemisch geschieht. Dein Gehirn ist Teil deines Körpers; hormonelle Rhythmen modulieren Wahrnehmung, Stimmung, Antrieb. Das macht dich weder «launisch» noch «irrational» – es macht dich lebendig, zyklisch, eingebunden in deinen Organismus (mehr dazu in Kapitel 3).
Kontextsensibilität
Weil Psyche nie im luftleeren Raum existiert, sondern in einem Geflecht aus Arbeitsbedingungen, Care-Last, Machtstrukturen, Diskriminierung – all das prägt, wie es dir geht. Wenn das System lineare Dauerleistung belohnt, kollidiert das mit zyklischer Realität. Deine Erschöpfung ist dann nicht dein individuelles Versagen, sondern ein Signal.

Diese drei Perspektiven ergänzen die WHO-Definition dort, wo sie für mich zu abstrakt bleibt. Sie holen das Thema mentale Gesundheit etwas mehr in den Alltag, in unsere Körper, in unsere Beziehungen.
Gleichzeitig ist die Verbindung zwischen Menstruations- und mentaler Gesundheit in Forschung, Klinik und Politik stark unterrepräsentiert und dabei extrem komplex: Biologie, Psychologie sowie soziale, politische und strukturelle Einflüsse greifen ineinander. Genau darauf weist das 4M-Konsortium

hin, ein interdisziplinäres Forschungsnetzwerk, das 2021 von der Psychologin Dr. Gemma Sharp (University of Exeter) gegründet wurde. 4M steht für Menarche, Menstruation, Menopause and Mental Health und bringt über 400 Forschende aus Psychologie, Medizin, Soziologie, Genetik und Epidemiologie zusammen, um die komplexe Verflechtung von Menstruationsgesundheit und mentaler Gesundheit über den gesamten Reproduktionslebenslauf hinweg zu untersuchen.[4]

Und genau hier wird klar, warum Menstrual Health zugleich Mental Health ist. Der Zyklus ist nicht «nur» ein körperlicher Prozess, sondern ein System, das unser Gehirn, unser Nervensystem und unsere Stimmung prägt. Wenn wir den Zyklus aus der Gleichung streichen, fehlt ein entscheidendes Puzzleteil von psychischer Gesundheit. Wer also das System mentaler Gesundheit verstehen will, kommt nicht drum herum, sich mit Körpern – und mit dem Menstruationszyklus – zu beschäftigen. Denn der Zyklus ist ein System im System: Er findet nicht isoliert statt, sondern ist eng verwoben mit der Gesellschaft, in der wir leben.

Noch eine Ebene konkreter bedeutet mentale Gesundheit im Zyklus für mich die Fähigkeit, mit den wechselnden inneren Bedingungen (Hormone, Energie, Reizbarkeit, Sensibilität) so umzugehen, dass du handlungsfähig bleibst, nicht gegen, sondern *mit* deinem Körper. Dazu gehören: frühes Erkennen von Mustern, gute Selbstfürsorge, klare Grenzen, passende Unterstützung (medizinisch, sozial, arbeitsorganisatorisch) und Räume für Pause und Sinn.

Wenn wir das ernst nehmen, verschiebt sich der Fokus: weg vom «Wie halte ich mich trotz Zyklus funktionsfähig?» hin zu «Wie gestalte ich mein Leben, meine Arbeit, meine Beziehungen so, dass meine zyklische Natur darin Platz hat?».

2.
WARUM DIESES BUCH UND WIE DU ES NUTZEN KANNST

Menstruierende erleben in ihrem Leben etwa 500 Zyklen, das sind bis zu 38 Lebensjahre mit Menstruationszyklus. Allein mit der Menstruationsblutung verbringen Menstruierende im Durchschnitt sechs Jahre ihres Lebens. 20–30 % der Menstruierenden leiden unter PMS, und viele wissen nicht, wie sie damit umgehen sollen. Das sind hochgerechnet rund 10 Millionen Menschen im deutschsprachigen Raum. Wie oben bereits erwähnt, sind 2,6 Millionen Menschen von PMDS betroffen – einer Störung, die in Deutschland genauso verbreitet ist wie Migräne und doch oft unerkannt bleibt.

Vielen Menschen fehlt es an Wissen über ihren Zyklus, die hormonellen Zusammenhänge und die Auswirkungen auf die mentale Gesundheit.

Das Buch, das du gerade in den Händen hältst, ist dein Rettungsanker und Werkzeugkoffer in einem. Es ist das Buch, das ich selbst gern vor neun Jahren gelesen hätte, um eine Abkürzung zu nehmen und mich viel schneller aus unendlicher Scham und Isolation zu befreien. Es steht dir zur Seite wie eine gute Freundin, die dir zuhört, dich nicht verurteilt und hilfreiche, wirksame Tipps für dich bereithält. Schluss mit Ohnmacht und Fremdbestimmung durch deine Symptome und Moodswings.

Hier lernst du, mit dem Shit umzugehen, der dich bisher überwältigt hat. Du bekommst Werkzeuge, um diesen Teufelskreis zu durchbrechen und dein Leben wieder selbst in die Hand zu nehmen.

Du bist nicht allein. Es gibt Lösungen.

Ich weiß, wie es sich anfühlt, sich selbst nicht zu verstehen, den eigenen Stimmungen ausgeliefert zu sein und sich krass zu schämen. Vielleicht sagt bereits eine kleine Stimme in deinem Hinterkopf: *Du kannst ja nichts dafür.* Aber das Gefühl, gescheitert zu sein, selbst schuld zu sein und auf Unverständnis zu treffen – das sitzt tief.*

Das Stigma ist real: Es ist das Stigma unsichtbarer Krankheiten, das Gefühl, psychische Hilfsbedürftigkeit rechtfertigen zu müssen. Es ist das Funktionierenmüssen in den Mühlen des Kapitalismus, das einem zyklischen Leben keinen Raum gibt. Es ist das Schweigen über mentale Gesundheit, das uns glauben lässt, wir müssten stark sein, obwohl wir längst am Ende unserer Kräfte sind. Die Tatsache, dass wir alleine eine Lösung finden müssen, allein verantwortlich dafür sind.

Die Erinnerung an diese dunklen Zeiten zieht mir noch immer den Magen zusammen. Und genau deshalb ist es so fantastisch, dass du dieses Buch in der Hand hältst, um die Unterstützung und Tools zu finden, die du brauchst.

WAS DICH IN DIESEM BUCH ERWARTET

Jede Menge Wissen, mit dem du das Bullshit-Bingo wohlwollender, aber uninformierter Ärzt*innen durchschauen und gezielt die Unterstützung einfordern kannst, die du brauchst.

* Hier kann ich zur weiteren Lektüre das Buch von Ann-Kristin Tlusty u. a. «Selbst schuld» empfehlen.

In diesem Buch bekommst du:
Wissen über deinen Körper: was in deinem Zyklus passiert und wie Hormone deine Gedanken, Gefühle und Fähigkeiten beeinflussen.
Modelle, gemeinsame Sprache & Einblicke für Paare: Die Modelle für den Zyklus geben dir und deinen Mitmenschen eine gemeinsame Sprache, was die Kommunikation enorm erleichtert. Mein Mann Mario teilt in diesem Buch seine Perspektive als Partner einer PMDS-Betroffenen. Mit ehrlichen Geschichten und praktischen Tipps zeigen wir, wie Paare diese Herausforderung gemeinsam meistern und eine stärkere Verbindung zueinander finden können. Anwendbar für alle Formen von menschlichen Beziehungen.
Konkrete Tools für den Alltag: wie Zyklustracking und andere leicht umsetzbare Strategien dir helfen, besser durch den Alltag zu kommen – selbst an einem absoluten Scheißtag, an dem nichts zu funktionieren scheint.
Mentale Gesundheit und PMDS: wie Menstruationszyklus und mentale Gesundheit zusammenhängen.

WAS DIESES BUCH FÜR DICH TUN KANN

Auch wenn du es mir jetzt vielleicht noch nicht glauben kannst: Dein Zyklus ist kein Fluch, sondern dein Kompass fürs Leben und für deine mentale Gesundheit. Er zeigt dir, wie du durch herausfordernde Momente navigierst, deinen Alltag im Einklang mit dir selbst gestaltest und dabei eine tiefere Verbindung zu dir und deinem Körper findest oder wiederfindest. Endlich kannst du nach deinen eigenen Regeln leben – kraftvoll, frei und voller Vertrauen in dich selbst.

Und nur damit das klar ist:
Es gibt natürlich jede Menge Gründe dafür, *moody* und *bitchy* zu sein. For Starters ist da das Patriarchat, klaro. Aber auch die Art und Weise, wie uns der Kapitalismus eine liebevolle Beziehung zu unseren Körpern abtrainiert hat. Unser Wissen über die natürlichen Prozesse unseres Zyklus und deren Einfluss auf unser Wohlbefinden? Oft lückenhaft. *I mean*, ich hab auch erst mit Anfang dreißig verstanden, was für ein absolutes Wunderwerk jeden Monat in meinem Körper vor sich geht.

Mir ist wichtig, dass du eines weißt: Wenn ich hier davon rede, den Zyklus und seine Superpowers für dich zu nutzen, geht es auf GAR KEINEN FALL darum, unsere Körper auszubeuten oder sie zu einer Maschine der Produktivität und des Kapitalismus zu machen.

Ja, ein achtsamer Umgang mit dem Zyklus kann dazu führen, dass wir produktiver und effizienter werden, aber das ist nicht der Punkt. Es geht darum, Frieden mit unserem Körper zu schließen und den Konflikt mit unserem Zyklus und unserer mentalen Gesundheit in etwas Positives zu verwandeln. Das immense Leiden durch PMS und PMDS aus der Ecke des Schweigens zu holen, damit Betroffene endlich Gehör, Verständnis und Lösungen finden.
Es geht mir darum, den negativen Blick auf unseren Zyklus aufzulösen. Uns selbst mit viel mehr Freundlichkeit zu begegnen. Und unseren Körper – mit all seinen Schwankungen und Kräften – endlich besser zu verstehen.
Am Ende soll das alles dazu führen, dass wir uns gesünder, ausgeglichener und mehr bei uns selbst fühlen. Dass wir unser Leben so leben können, wie wir es wollen – im Einklang mit unserem Zyklus und unserer mentalen Gesundheit.

WIE DU DIESES BUCH NUTZEN KANNST

Du kannst dieses Buch als Nachschlagewerk verwenden, gezielt die Kapitel lesen, die dich gerade besonders beschäftigen, oder es von Anfang bis Ende durchgehen, um das große Ganze zu erfassen. Die Tools und Tipps, die du hier findest, sind direkt umsetzbar – selbst an absoluten Scheißtagen. Am tiefsten wirkt das Geschriebene jedoch, wenn du es von vorne bis hinten durchliest.

3.

LET'S GET THIS PARTY STARTED! WAS PASSIERT DA EIGENTLICH IN MEINEM KÖRPER?

Pop-, Pop-, Popsofa ... Hi, ich bin's wieder – eure Ricky. Das hier ist mein Sofa. Das Popsofa», tönt es aus dem Fernseher.

Wir schreiben das Jahr 2000, L. und ich liegen auf dem Sofa im Wohnzimmer ihres Elternhauses. Alles dunkel, nur das Flimmern des Fernsehers erhellt den Raum. Die Sounds der *Wochenshow* auf Sat.1. Oh, welch Genuss, so spät noch Fernsehen gucken zu dürfen. Bei L. gab es immer Schokolade und Fernsehen, so viel wir wollten. Das komplette Gegenteil von meinem Zuhause mit Vollkornnudeln und Fernsehverbot. Wir hatten nicht mal einen Fernseher.

Ich spüre einen dumpfen Schmerz im Unterbauch. Ein seltsames Gefühl.

Bekomme ich Durchfall? Hab ich was Falsches gegessen?

Auf dem Klo entdecke ich eine rotbraune Flüssigkeit auf dem Klopapier.

Ich rufe nach L. Wir wissen beide ganz genau, was gerade passiert. Ein Moment, auf den wir schon gewartet haben. Ich habe das erste Mal meine Tage.

Wer wird die Letzte in der Klasse sein? Seine Tage haben ist cool und peinlich zugleich. Es wird übereinander getuschelt. Tampons und Binden werden versteckt weitergereicht. Und sowieso, wer cool ist, benutzt Tampons. Binden sind was für Loser.

L. gehört schon zum Klub. Sie hat ihre Tage schon.

Natürlich hat sie auch Tampons und Binden da.

Feierlich reicht sie mir einen Tampon, o. b., Größe «normal».

Ich probiere ihn einzuführen. Es tut weh. Klappt nicht richtig.

Okay, weg damit. Neuer Tampon, neuer Versuch.
Und noch mal.
Wir überlegen, wie es am besten geht, und besprechen die Technik. L. erzählt und zeigt mit vielen Gesten, wie sie es macht.
Tief durchatmen.
Ich versuche es noch mal.
Es tut einfach nur weh, ich bekomme den Dreh nicht raus.
Tränen schießen mir in die Augen.
Mennooo. Warum krieg ich das nicht hin?
Ich lege eine Binde in meinen Slip. Fühle mich unwohl, wie die Binde, maximal.
Weine weiter. Fühle mich allein.
Natürlich bin ich nicht allein, meine beste Freundin ist ja da.
Trotzdem will ich einfach nur nach Hause. Mich verkriechen.
Doch das geht nicht, denn es ist ja (gefühlt) mitten in der Nacht.
Wir sind dann schlafen gegangen, und L. hat mich getröstet. Genauer erinnern kann ich mich nicht. Meine Menarche, so nennt man die erste Menstruationsblutung, war also weder besonders schön noch besonders schrecklich.
Was wir damals über unsere Tage wussten:
Ich kann jetzt schwanger werden. Das heißt, ich brauche die Pille, und das ist cool, weil ich dann schöne Haut und größere Brüste bekomme.
Die Pille zu nehmen, war umwoben von Coolness, Erwachsensein und einer Unantastbarkeit. Das haben wir uns damals unter Frausein vorgestellt.
Außerdem dachten wir: Periodenschmerzen sind normal, gehören dazu und werden jeden Monat kommen. Spoiler! Diese Schmerzen sind nicht normal, die Erzählung darüber ist bloß

normalisiert. Schmerzen sind sehr laute und deutliche Körpersignale, dass etwas nicht stimmt und es Zeit ist herauszufinden, was los ist. Später mehr dazu.

Was auch klar war: Mit der Menstruation habe ich ENDLICH eine unanfechtbare Ausrede, den Sportunterricht zu skippen.

Die 2000er waren definitiv noch eine Zeit, in der das Thema mit großer Scham behaftet war. Tampons haben wir uns in Fäusten vergraben zugesteckt, unsere Menstruation und das Menstruationsblut fanden wir eklig, und unter Freund*innen sprachen wir nicht wirklich drüber. Mehr als «Ich hab meine Tage» gab es nicht.

Fast forward, 16 Jahre später, ich bin 31 Jahre alt und höre einen Podcast, in dem Maisie Hill über ihr Buch «Period Power» (deutsche Ausgabe: «Superpower Periode») spricht. Sie erzählt von den vier Jahreszeiten des Zyklus, der Wirkung der Hormone auf unsere Energie, Konzentrationsfähigkeit und Emotionen. Es haut mich um, ich habe so krasse Aha-Momente, fühle mich wahnsinnig gesehen und abgeholt. Ich weiß noch genau, welches Stück der Frankfurter Allee ich gefahren bin, als sie vom zyklischen Herbst und den Herausforderungen darin sprach. Wie ich anhalte und, noch während der Podcast weiterläuft, mitten auf dem Weg das Buch bestelle. Als es ankommt, verschlinge ich es innerhalb weniger Tage, sauge das Wissen auf wie ein Schwamm. Schwanke beim Lesen zwischen Begeisterung und Entsetzen: Begeisterung darüber, wie magisch und krass die ganzen körperlichen Vorgänge im Zyklus sind. Entsetzt darüber, wie fucking crazy es ist, dass ich das alles nicht in der Schule gelernt habe, sondern erst durch eigene Recherche in meinen 30ern erfahre.

Wie wären meine 20er wohl gelaufen, wenn ich damals schon gewusst hätte, dass es als Menstruierende völlig normal ist, jeden Tag anders drauf zu sein? Dass dieses Auf und Ab kein persönliches Versagen, sondern ein Symptom eines zyklischen Daseins in einem linear verkorksten System ist? Dass ich nicht jeden Morgen gleich starten muss und dass ein schlechter Tag nicht automatisch heißt, ich müsste mein ganzes Sein infrage stellen? Hätte ich dann weniger Selbstzweifel mit mir rumgeschleppt? Mich seltener gefragt: «Was stimmt nicht mit mir?» Hätte ich stattdessen mehr Selbstbewusstsein kultiviert und eine echte Freundschaft zu meinem Körper entwickelt? Voller Mitgefühl statt Scham? Wie stark wäre meine mentale Gesundheit gewachsen, wenn ich gewusst hätte, dass meine Gefühle keine Störung sind, sondern Teil meiner Power und wichtige Richtungsgeber und Signale für mich, mein Leben, meine Gesundheit?

Wir wissen so wenig über den eigenen Zyklus. Und das schon seit Generationen. Unsere Mütter, Tanten, Großmütter sind ohne echtes Körperwissen, zumeist auch ohne eine gesunde Beziehung zu ihren Körpern aufgewachsen, ohne eine Sprache für das, was da monatlich passiert. Mit «Körperwissen» meine ich nicht nur, dass eine Eizelle heranreift und in der Zyklusmitte befruchtet werden kann, sondern das Verständnis dafür, wie unsere Hormone Stimmung, Energie, Denken und Wahrnehmung beeinflussen. Dass es normal ist, sich nicht jeden Tag gleich zu fühlen. Dieses Nichtwissen ist nicht deine, nicht unsere Schuld, sondern Folge eines jahrhundertelangen Tabus. Patriarchal-politische Kontrolle, Schamgeschichten, Sanktionen, Verbote und ungleiche Bildungswege haben das Zykluswissen systematisch unsichtbar und unbesprechbar gemacht.

Trotzdem ist seit den 1960er-Jahren viel feministische Arbeit und Enttabuisierung rund um den Menstruationszyklus und den Frauenkörper geleistet worden. Mit dem Aufkommen der zweiten Welle der Frauenbewegung in den USA und in Deutschland wurden Themen wie Körperwissen, Menstruation und Selbstbestimmung offener diskutiert. Das 1973 erstmals erschienene Buch «Unser Körper, unser Leben» (Boston Women's Health Book Collective) gilt als Meilenstein, denn es vermittelte erstmals umfassendes Wissen über weibliche Körper, Zyklus, Schwangerschaft und Sexualität in einer empowernden Sprache[5].

Ein weiterer wichtiger Beitrag war das Buch «Frauenkörper neu gesehen», das bereits in den 70er- und 80er-Jahren feministische Aufklärungsarbeit leistete. Es enthielt klare, zum Teil revolutionäre Darstellungen und Beschreibungen des weiblichen Körpers, die Frauen aufriefen, ihren Körper selbst zu erkunden und zu verstehen. Es brach Tabus, gab Antworten auf gesundheitliche Fragen und öffnete den Diskurs über Menstruation, Verhütung und sexuelle Selbstbestimmung und wurde im Jahr 2023 in einer neuen Auflage herausgebracht.[6]

Diese Bewegungen und Werke legten den Grundstein dafür, dass wir heute über Hormonschwankungen, Zyklusphasen und menstruelle Erfahrung sprechen können, auch wenn noch viel Aufklärungsarbeit zu leisten ist. Sie waren und sind Ausdruck einer widerständigen Kraft gegen jahrhundertealte Verschwiegenheit.

> Lass mich dir was verraten: Egal wie selbstbestimmt, feministisch und 2026 wir uns fühlen oder welches Geschlecht wir haben: **Alle Menschen sind hormongesteuerte, zyklische Wesen.**

Wir leben in einem System, das linear tickt und unsere zyklische Natur als Störung wahrnimmt – da wird jede Einsicht über Hormonschwankungen zu einem revolutionären

Aha-Moment. Unsere Körper und Zyklen lassen sich nicht wegreden, und dagegen anzukämpfen, ist reine Energieverschwendung.

Wenn wir so tun, als müssten wir jeden Tag gleich funktionieren, als wären wir Maschinen mit festem, berechenbarem Output, verlangen wir Unmenschliches von uns. Und ja, wir verhalten uns dann auch ein Stück weit unklug – nicht weil wir doof sind (no offense), sondern weil wir es so gelernt haben: Lineares Denken – also die Idee, dass alles immer gleichförmig, planbar und stetig verlaufen muss – haben wir genauso verinnerlicht wie den Glaubenssatz, dass Leistung unseren Wert bestimmt. Wir haben uns jahrelang eingeredet, dass Pausen verdächtig sind und Schwankungen ein Makel. Kein Wunder, dass wir danach ausgebrannt sind. Sich davon zu lösen, ist kein weiteres Selbstoptimierungsprojekt, sondern ein bewusster Verlernprozess, der unglaublich befreiend wirken kann.

Auch wenn es im Rest dieses Kapitels um den Zyklus von Menschen mit Uterus geht – das Prinzip von Rhythmus betrifft uns alle. Zyklus bedeutet: Dinge verlaufen nicht linear, sondern in Wellen, Phasen, Zyklen eben. Auf – ab. Aus – ein. Aktion – Pause. Einatmen – ausatmen. Der Körper sendet ständig Signale, wann er bereit für Aktion ist und wann er Ruhe braucht. Und das tut er nicht nur einmal im Monat, sondern mehrmals täglich.

Der bekannteste Taktgeber, den wir alle teilen, ist der zirkadiane Rhythmus, also unser 24-Stunden-System. Hier sagt das Tageslicht unserem Körper, wann es Zeit ist zu schlafen, aufzuwachen, zu essen und aktiv zu sein. Historisch gesehen wurde der Schlafrhythmus sehr unterschiedlich praktiziert – etwa segmentiert, also in zwei Nachtschlafphasen eingeteilt im Mittelalter oder polyphasisch, also in mehrere Tagschlafphasen gestückelt in anderen Kulturen –, sodass der heutige durchgehende Nachtschlaf ein kulturell geprägtes Konstrukt und keine biologische Selbstverständlichkeit ist.[7] Das gibt uns bereits einen ersten positiven Hinweis darauf, dass wir auch heute den Umgang mit unseren Zyklen kulturell wieder verändern und neu prägen können. Innerhalb des Tages gibt es noch kürzere Rhythmen, sogenannte ultradiane Rhythmen. Zum Beispiel den Basic-Rest-Activity-Cycle (kurz: BRAC): Etwa alle 90 bis 120 Minuten durchläuft unser Nervensystem eine Hoch- und Tiefphase. Konzentration – Pause – Konzentration – Pause. Wenn wir diese Pausen ignorieren (hello, Laptop bis 23 Uhr, an dem ich gerade sitze und das schreibe), fühlen wir uns ausgelaugt, überdreht und unklar im Kopf.

Unser Körper ist nicht dafür gemacht, dauerhaft gleich zu funktionieren.

Menstruierende haben zusätzlich zu diesen täglichen Rhythmen noch einen zweiten, längeren Rhythmus, den infradianen Rhythmus. Das sind biologische Zyklen, die länger als einen Tag, jedoch kürzer als ein Jahr dauern. Der bekannteste infradiane Rhythmus beim Menschen, gesteuert von wechselnden Hormonspiegeln, ist der Menstruationszyklus. Andere Beispiele für infradiane Rhythmen sind der Mondzyklus (ca. 29,5 Tage) und der Winterschlaf bei manchen Tieren (z. B. Bären).

Der Menstruationszyklus ist weitaus mehr als «einmal im Monat bluten». Er beeinflusst, wie der Körper funktioniert, wie wir die Welt wahrnehmen, wie wir denken, fühlen und handeln – ein fein abgestimmter Kreislauf aus hormonellen Signalen, neuronalen Effekten, Gewebeveränderungen und mentalen Phänomenen, die zumeist völlig unterschätzt werden. Genau deshalb ist es so wichtig, dass wir ihn verstehen und endlich aufhören, ihn als lästiges Übel zu behandeln.

Die erste Menstruation tritt heute meist zwischen dem 9. und 12. Lebensjahr ein – oft früher als noch vor ein paar Jahrzehnten. Ab diesem Zeitpunkt beginnt ein biologischer Takt, der Menstruierende für viele Jahre begleitet. Die meisten Menstruierenden haben im Schnitt 400 bis 500 Zyklen, verteilt über durchschnittlich 38 Jahre ihres Lebens. Dabei fließen insgesamt etwa 26 Liter Menstruationsblut – das sind umgerechnet ca. 1,5 Schnapsgläser pro Periode (ca. 40–80 ml pro Blutung).
Durchschnittlich ist der Menstruationszyklus 29 Tage lang. Trotzdem ist eine Zykluslänge zwischen 24 und 36 Tagen im unbedenklichen Bereich. Dein Zyklus muss nicht immer exakt gleich lang sein, er ist ja kein Uhrwerk, sondern ein lebendiger, organischer Prozess. Jeder Zyklus ist ein Unikat. Sowohl innerhalb deiner Zyklen als auch im Vergleich zu denen anderer Menschen. Dennoch gibt es viele Gemeinsamkeiten und natürlich auch Grundsätzliches, was gleich abläuft. Und das schauen wir uns jetzt an.

WUSSTEST DU, DASS DEIN ZYKLUS IM KOPF BEGINNT?

Im Gehirn arbeiten zwei zentrale Bereiche eng zusammen: der Hypothalamus – er steuert viele Körperfunktionen – und die Hypophyse, die wichtige Hormone ausschüttet. Gemeinsam stehen sie in ständigem Austausch mit den Eierstöcken (wo Eizellen heranreifen und Hormone gebildet werden) und dem Uterus (dem Ort für die potenzielle Einnistung einer Eizelle).
Das Ganze ist ein fein abgestimmtes Zusammenspiel:
Der Hypothalamus sendet das Hormon GnRH (Gonadotropin-Releasing-Hormon) an die Hypophyse.

Die Hypophyse antwortet mit FSH (follikelstimulierendes Hormon) und später LH (luteinisierendes Hormon).
Diese Hormone schicken das Startsignal an die Eierstöcke, wo Follikel beginnen, zu reifen und je nach Zyklusphase verschiedene Hormone auszuschütten: Östrogen, Progesteron und auch etwas Testosteron.

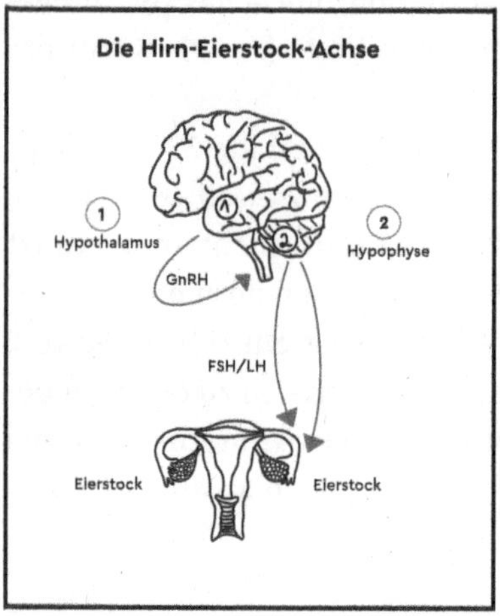

Das klingt jetzt technisch, aber diese Signalkette steuert weit mehr als deinen Zyklus. Sie beeinflusst dein Denken, dein Fühlen, dein Verhalten. Sie wirkt im Gehirn, im Nervensystem, im Immunsystem. Im Stoffwechsel, im Kreislauf und sogar in deiner Wahrnehmung.
Die Psychiaterin und Neurowissenschaftlerin Professorin Dr. Julia Sacher und ihr Team vom Max-Planck-Institut für Kognitions- und Neurowissenschaften haben in MRT-Scans sichtbar gemacht, wie stark der Zyklus das Gehirn beeinflusst und dass sich z. B. in der Lutealphase bestimmte Hirnareale anders vernetzen.[8] This shit is real. Es ist keine Einbildung, kein «Übertriebensein» oder was wir sonst noch für Bullshit

zu hören bekommen, wenn wir uns in der prämenstruellen Phase anders fühlen und verhalten.

Klassisch-medizinisch wird der Zyklus in zwei Phasen unterteilt: Follikelphase und Lutealphase. Kann man so machen, ist aber wenig hilfreich, wenn du verstehen willst, wie dein Zyklus sich konkret auf dich und dein Erleben im Alltag auswirkt.

Deshalb arbeite ich – wie viele andere auch – mit vier Phasen, die sich gut mit den Jahreszeiten vergleichen lassen: Winter (Menstruation), Frühling (Follikelphase), Sommer (Ovulation), Herbst (Lutealphase).* Das passt nicht nur zu den hormonellen Veränderungen, sondern auch zu dem, was viele menstruierende Menschen spüren. Gerade auf der Nordhalbkugel, wo wir mit den vier Jahreszeiten emotional etwas verbinden, ist dieses Modell sehr unterstützend und veranschaulichend.

Das Vier-Jahreszeiten-Modell für den Zyklus ist nur eins von vielen, in Kapitel 5 zeige ich dir noch mehr Modelle und wie du sie im Alltag für dich nutzen kannst.

Who dis? Bevor wir einsteigen, möchte ich dir noch drei Schlüsselhormone vorstellen, die deinen Zyklus maßgeblich steuern. Drumroll, please welcome on stage:

Östrogen ist nicht nur für das Wachstum der Eizelle zuständig, sondern wirkt im Gehirn wie ein natürlicher Neurobooster: Es fördert die Bildung von Synapsen, verbessert die Kommunikation zwischen Hirnarealen und erhöht die Konzentration von Serotonin und Dopamin. Das Resultat: mehr Fokus, mehr Motivation, mehr soziale Strahlkraft.

* Das Jahreszeitenmodell für den Zyklus wurde von den Gründerinnen der Red School, Alexandra Pope und Sjanie Hugo Wurlitzer, in die Welt gebracht.

Progesteron, auch Kuschel- oder Nesting-Hormon genannt, beruhigt, stabilisiert, wirkt angstlösend, aber auch verlangsamend. Es macht uns kuscheliger, empfindsamer und auch sensibler. Es wird Kuschelhormon genannt, nicht weil es beim Kuscheln ausgeschüttet wird, wie Oxytocin, sondern weil wir uns in der Zeit kuscheliger fühlen, mehr zurückziehen wollen, gerne weich liegen usw. Das Resultat: mehr Tiefgang, mehr Langsamkeit und damit einhergehende Gründlichkeit, aber auch mehr Verletzlichkeit.
Testosteron steigert Lust, Risikofreude und Durchsetzungskraft. Es ist niedrig dosiert im Zyklus vorhanden, reicht aber für spürbare Effekte. Es hat seinen Höhepunkt im Zyklus rund um den Eisprung und sorgt für mehr Selbstbewusstsein, Mut und Libido.

Juti, dann wollen wir mal, wa? Let's get this party started.

MENSTRUATION (WINTER)

ZYKLUSTAG 1 BIS CA. 7

Tag 1 deines Zyklus ist immer der Tag, an dem du eindeutig blutest. Schmierblutung und Spotting werden nicht mitgezählt. Jetzt stößt dein Körper die Schleimhaut ab, die sich im letzten Zyklus aufgebaut hat, ausgelöst durch Muskelkontraktionen des Uterus. Diese Kontraktionen werden durch Prostaglandine angeregt. Das sind Gewebshormone, die Entzündungsreaktionen und Muskelkontraktionen auslösen. Sie sind wichtig für den Prozess und leider auch verantwortlich für die Schmerzen, die wir vielleicht dabei empfinden.

Apropos Schmerzen, noch mal: **Menstruationsschmerzen sind nicht normal.** Wenn du während der Blutung Schmerzen empfindest, sind das sehr laute und eindeutige Signale deines Körpers, dass etwas nicht in Ordnung ist und Zuwendung braucht. Die Erzählung über Menstruationsschmerzen ist normalisiert, normal sind sie deswegen trotzdem nicht. Das ist einer der am weitesten verbreiteten Mythen über den Menstruationszyklus.

Was in dieser Zeit okay ist:

- 3 bis 6 Tage Blutung
- hell- bis dunkelrotes Blut
- etwas Ziehen im Unterbauch
- veränderte Verdauung («period poops» sind real)

Was nicht okay ist und Aufmerksamkeit braucht:

- Schmerzen, die dich ausknocken oder Schmerzmittel nötig machen
- Blutung länger als 7 Tage
- sehr starke Blutungen, bei denen du alle 1 bis 2 Stunden die Binde / Tampon / Cup wechseln musst, sowie große Gewebeklumpen / Blutklumpen
- nach der Blutung völlig ausgelaugt sein

Letztere sind keine «normalen Periodenbeschwerden». Das sind Körpersignale. Mögliche Ursachen: Endometriose, Adenomyose, hormonelle Dysbalancen, Entzündungen. Lass das bitte ärztlich abklären, am liebsten sehr bald, nicht irgendwann.

Während du blutest, orchestriert dein Körper einen komplexen Erneuerungsprozess – inklusive vollständiger Regeneration der Gebärmutterschleimhaut, jeden Monat, über Jahrzehnte hinweg. Und zwar ohne Narbenbildung. Kein anderes Organ kann das. Ich finde das immer wieder magic, wenn ich darüber nachdenke. Es gibt auch Forschende, die diesen Prozess mit den nachwachsenden Armen von Seesternen vergleichen.

Und nicht nur das, der Zyklus ist eine Art Taktgeber für die Neuroplastizität (Veränderbarkeit und dadurch entstehende Lernfähigkeit) unseres Gehirns. Der hormonelle Tiefstand von Östrogen und Progesteron in dieser Phase ist der Kick-off für das neuronale System, sich neu auszurichten.

Östrogen und Progesteron haben direkten Einfluss auf Neurotransmitter wie Serotonin, Dopamin und GABA, deswegen führt der Hormon-Tiefstand oft zu Traurigkeit, Grübeln, Reizbarkeit, weniger Motivation sowie erhöhtem Stress- und Schmerzempfinden.

Sorry, wenn ich hier etwas mehr in die Tiefe gehe, das ist nicht in jedem Kapitel so, und ihr müsst euch auch nicht alles merken. Am Ende des Buches gibt es übrigens ein Glossar mit allen wichtigen Begriffen.

Aber was ein Neurotransmitter ist, das erkläre ich dir jetzt hier direkt vor Ort. Stell dir vor, zwei Menschen wohnen in Nachbarhäusern und wollen sich verabreden oder haben sich etwas Wichtiges zu sagen. Weil sie sich nicht direkt hören oder sehen können, schreiben sie sich eine Nachricht per Messenger. So funktioniert das im Nervensystem auch. Der Neurotransmitter ist genau wie diese Nachricht: ein chemischer Botenstoff, der von einer Nervenzelle «abgeschickt» wird, damit die nächste Zelle Bescheid weiß und entsprechend reagiert. Ein Neurotransmitter hilft also den Nervenzellen (auch Neuronen genannt), miteinander zu kommunizieren. Das passiert an winzigen Kontaktstellen zwischen den Zellen, den sogenannten Synapsen. Wenn ein Signal von einer Zelle zur nächsten geschickt werden soll, läuft es zuerst als elektrischer Impuls durch die Nervenzelle. Am Ende wird daraus ein chemischer Impuls: Die Nervenzelle schüttet den Neurotransmitter in den schmalen Zwischenraum (synaptischer Spalt) aus. Gibt also die Information raus, und dann bindet der Neurotransmitter die Info an spezielle Rezeptoren auf der nächsten Zelle – so wie du eine Benachrichtigung öffnest. Ein neues elektrisches Signal wird so in der nächsten Nervenzelle ausgelöst, und die Nachricht wird weitergetragen.

Neurotransmitter entscheiden also, ob ein Signal weitergeleitet oder blockiert wird, und steuern damit viele Abläufe in deinem Körper. Ohne sie könnten die Nervenzellen gar nicht miteinander sprechen. So wie wir ohne Internet und Mobilfunk keine Nachrichten miteinander austauschen könnten. Sie sind wichtig für dein ganzes Nervensystem – fürs Denken, Fühlen, für deine Bewegungen und sogar für die Steuerung deiner Organe.

Beispiele für wichtige Neurotransmitter und ihre Funktionen:

Serotonin: macht dich glücklich und sorgt für gute Stimmung. Es hilft auch beim Schlafen und beeinflusst den Appetit. Zu wenig davon kann zu Traurigkeit, Grübeln, Reizbarkeit führen.

Dopamin: wird oft als «Glückshormon» bezeichnet. Es sorgt für Motivation, Belohnung und Bewegungskontrolle. Zu wenig davon äußert sich z. B. durch geringere Motivation, weniger Antrieb, ein kleineres Lustgefühl.

GABA (Gamma-Aminobuttersäure): beruhigt die Nervenzellen, macht dich ruhig und entspannt. Zu wenig davon führt zu erhöhtem Stress- und Schmerzempfinden.

Jetzt wird auch klar, warum Reize in der Menstruationsphase intensiver auf uns wirken, oder? Viele Menschen reagieren während der Menstruation empfindlicher auf Lärm, Licht, Gerüche oder Stimmungen. Auch körperlich macht sich das bemerkbar: Schmerzen werden stärker wahrgenommen. Zahn-OP, Tattoo oder andere Eingriffe geplant? Keine gute Idee während der Menstruation! Heb dir das lieber für die Zeit rund um den Eisprung auf, da ist dein Körper belastbarer.

Dass du in dieser Zeit näher am Wasser gebaut bist und vielleicht an dir und der Welt zweifelst, ist kein Zufall. Es macht total Sinn – dein Hormonspiegel ist auf dem Tiefstand, und das wirkt sich auch mental aus. Gleichzeitig berichten viele, dass sie während der Blutung klarer denken können, weil der hormonelle Filter wegfällt und das emotionale Grundrauschen leiser wird. Deine Gedanken sind in dieser Zeit oft langsamer, aber ehrlicher. Du spürst sehr deutlich, was für dich nicht mehr passt. Im Vergleich zur prämenstruellen Phase, wo die Klarheit eher kognitiv da ist, also in Form von messerscharfen Gedanken, ist während der Menstruation die Klarheit eher in Form eines tiefer liegenden inneren Wissens vorhanden, wir nennen es auch Intuition oder innere Weisheit. Die Gründerinnen der Red School in Großbritannien haben die Zukunftsvision, dass der Spruch «Lass mich drüber bluten», wenn es um wichtige Entscheidungen geht, vollkommen normalisiert wird. Die Zeit der Blutung kann dein eigenes Orakel sein, in dem du dich selbst und deine Intuition zu wichtigen Entscheidungen befragst, anstatt Antworten und Meinungen bei anderen und im Außen zu suchen. Denn ob du es glaubst oder nicht, in der Regel hast du alles in dir, was du für deine Entscheidungen brauchst, und weißt auch sehr genau, was du wirklich willst und was nicht. Das wird bloß oft verdeckt von jahrelanger Prägung, Konditionierung und vielen Einflüssen von außen.

FOLLIKELPHASE (FRÜHLING)

CA. TAG 6 BIS 13

Mit dem Ende der Blutung beginnen deine Hormone und die Energie zu steigen. Östrogen steigt an, Dopamin, Motivation, Fokus – alles fährt langsam wieder hoch. Du merkst es vielleicht daran, dass ab ca. Tag 3 bis 4 deines Zyklus deine Gedanken langsam wieder hoffnungsvoller werden, du (neue) Ideen und insgesamt etwas mehr Bock auf Leute hast. ;-) In deinem Eierstock reift ein neuer Follikel heran, und zugleich wird deine Gebärmutterschleimhaut neu aufgebaut.

Was in dieser Phase okay ist:

- spürbarer Energieanstieg
- Dauer der Phase von 7 bis 10 Tagen
- Zervixschleim wird mehr und klarer – ein Zeichen, dass dein Körper sich auf den Eisprung vorbereitet

Was Aufmerksamkeit braucht:

- Du bleibst müde, antriebslos trotz gutem Schlaf
- Angst, Nervosität oder Gereiztheit schleichen sich schon hier ein
- kein Zervixschleim (kann ein Hinweis auf Östrogenmangel oder Zyklusunregelmäßigkeiten sein)

Auch hier gilt: Symptome sind Hinweise, keine Schwächen. Wenn du keinen spürbaren Aufschwung in dieser Phase erlebst, lohnt sich ein Blick auf Stresslevel, Schilddrüse, Ernährung, hormonelle Balance.
Wusstest du eigentlich, dass die Eizellen, die dein Körper im Laufe deines Lebens freisetzt, lange vor deiner eigenen Geburt angelegt wurden?
Mit etwa fünf bis sieben Millionen Eizellen starten wir in der Embryonalphase – bei der Geburt sind davon noch etwa eine Million übrig. In die Pubertät kommen wir mit rund 400 000. Und davon wird im Lauf des Lebens nur ein Bruchteil überhaupt «aktiv». Der Rest stirbt still und heimlich ab. Jeden Monat. Als du selbst noch ein Fötus im Bauch deiner Mutter warst, waren deine Eizellen schon vorhanden.
Und da deine Mutter wiederum im Bauch deiner Großmutter heranwuchs, existierte ein Teil von dir bereits eine Generation früher als winzige Eizelle.

Rein biologisch betrachtet, hast du mit deiner Mutter und Großmutter am Abendbrottisch gesessen, lange bevor du geboren wurdest.[9]

Das ansteigende Östrogen in der Follikelphase sorgt für stärkere Vernetzung im präfrontalen Kortex, also dem Bereich im Gehirn, der für Sprache, Strategie, Planung, Empathie und Selbstregulation zuständig ist. Deswegen kannst du in der Follikelphase spüren, dass es in deinem Kopf wieder heller wird, deine Gedanken optimistischer sind. Du bist wach, inspiriert, hast Ideen und plötzlich auch wieder Lust, sie tatsächlich umzusetzen. Strategisch denken fällt dir leichter, du planst, organisierst, jonglierst. Und auch körperlich fühlt sich alles wieder etwas einfacher an: Du hast mehr Energie,

bewegst dich gerne, bist motiviert und offen für Neues. Es ist ein bisschen wie der erste warme Frühlingstag nach einem langen Winter, du willst raus, los, machen.
Mit dem Anstieg von Östrogen (vor allem Estradiol) werden wieder zentrale Neurotransmitter aktiviert. Und surprise, es wirkt sich wieder auf deine Stimmung, deinen Fokus und die Motivation aus:
mehr Serotonin → bessere Stimmung, mehr Gelassenheit
mehr Dopamin → Motivation, Drive, Neugier
mehr Acetylcholin → bessere Konzentration und Gedächtnisleistung
Die Östrogendominanz in dieser Phase wirkt leicht «entkoppelnd» von tiefer emotionaler Verarbeitung. Auch deshalb fühlst du dich oft leichter, lösungsorientierter, kreativer, aber nicht unbedingt tief verbunden mit deinen Emotionen. Das ist kein Fehler, das ist ein Feature. Diese Phase eignet sich ideal für neue Ideen, Brainstorming, berufliche Klarheit oder auch ein schwieriges Gespräch in der Partnerschaft, um möglichst konstruktiv ranzugehen.

OVULATION (SOMMER)

UM TAG 14, VARIIERT

Sun is shining, the weather is sweet, yeah ... Oder – *it's getting hot in here,* und du fühlst dich gut und pudelwohl in deiner Haut. Selbstbewusstsein? Check. Und warum sind alle Menschen um dich herum auf einmal so sexy? Du hast Bock auf die Extrameile, soziale Events und Anlässe sind genau dein Vibe. Die Welt gehört dir. So oder so ähnlich kann sich die Zeit rund um den Eisprung anfühlen.

Östrogen ist auf dem Höchststand, Testosteron steigt leicht an, und die Hypophyse (Hormondrüse im Gehirn) schüttet LH (luteinisierendes Hormon, Eisprung auslösendes Hormon) aus. Das ist das Signal für den Follikel, die Eizelle freizugeben für ihren Sprung. Äh, nein, Moment mal, da gibt es ja eine ganz frische Forschung aus dem Jahr 2024, die uns ein neues Wort beibringt: Das, was da vor sich geht, ist besser beschrieben mit dem Wort Eispülung. Und alles, was wir bisher über den sogenannten Eisprung wussten, waren vor allem hergeleitete Ideen, aber nicht bewiesen und in bildgebenden Verfahren sichtbar gemacht.

Die Forschung, die den Eisprung erstmals komplett gefilmt hat, zeigt, dass der Vorgang viel mehr einem Prozess des Herausdrückens und Ausspülens (fluid release) ähnelt als einem klassischen «Sprung» der Eizelle. Das Follikelgewebe dehnt sich zunächst durch Flüssigkeitsansammlung stark aus (Expansion), zieht sich dann zusammen (Kontraktion), wodurch sich die Follikelwand in einer dünner werdenden Region öffnet (Ruptur) und schließlich die Eizelle zusammen mit Follikelflüssigkeit und Cumuluszellen sanft herausgespült wird. Dies beschreibt ein Team um Melina Schuh vom Max-Planck-Institut in einer 2024 in «Nature Cell Biology» veröffentlichten Studie.

Die Eizelle «springt» also nicht aktiv, sondern wird durch den Druck von Flüssigkeit und Muskelzellen im Follikel herausgedrückt und -gespült, was dem klassischen Bild vom Eisprung als «Sprung» widerspricht. Diese Erkenntnisse erweitern unser Verständnis der Ovulation wesentlich.[10]

Bei der Eispülung entscheidet sich übrigens spontan, aus welchem Eierstock die Eizelle kommt – mal rechts, mal links. Und deine Eileiter können sogar Eizellen von der gegenüberliegenden Seite «einsammeln». Sich quasi ein High Five geben oder füreinander einspringen. Deswegen spürst du den Mittelschmerz (Ziehen oder Stechen beim Eisprung) auch mal auf der einen und dann auf der anderen Seite. Dein Zervixschleim (Schleim am Muttermund, der sich je nach Zyklusphase verändert) wird spinnbar und durchsichtig, deine Körpertemperatur steigt leicht an.

Die Eispülung (zyklischer Sommer), auch Ovulation genannt, ist die kürzeste Phase in deinem Menstruationszyklus. Wissenschaftliche Studien zeigen, dass das eigentliche Ereignis der Eispülung meist nur wenige Stunden (etwa 12 bis 24 Stunden) dauert. Doch das hormonelle Spiel drum herum gibt dir einige Tage den absoluten Hormonboost, weshalb der Übergang von der Follikelphase zur Ovulation oft sehr fein vonstattengeht und sich nicht immer eindeutig abgrenzen lässt, zumindest auf emotional-mentaler Ebene. Wenn du deine Basaltemperatur misst, kannst du den genauen Zeitpunkt der Eispülung recht zuverlässig bestimmen.

Spannend, oder? Dass die Eispülung selbst ein so kurzes Ereignis ist, obwohl sie in früheren Zeiten oft als riesiges Spektakel angesehen wurde, so nach dem Motto: Du kannst JEDERZEIT im Zyklus schwanger werden! Im Grunde ist es so: Dieses kurze Zeitfenster macht das Schwangerwerden zu einem besonderen und zugleich fast magischen Ereignis, denn die befruchtungsfähige Eizelle ist nur für eine begrenzte Zeit verfügbar. Das «fruchtbare Fenster» umfasst zwar mehrere Tage, da Spermien im Körper bis zu fünf Tage überleben können, doch die Eizelle selbst ist nur etwa 12 bis 24 Stunden befruchtungsfähig.

Was in dieser Zeit okay ist:

- spinnbarer, klarer Zervixschleim
- spürbarer Energieboost
- du bist magnetisch, präsent, on point
- leichter Mittelschmerz auf einer Seite

Was Aufmerksamkeit braucht:

- kein Zervixschleim = evtl. kein Eisprung
- starke Schmerzen (mehr als ein kurzes Ziehen)
- kein Temperaturanstieg = Hinweis auf evtl. anovulatorischen Zyklus (nur relevant, wenn du deine Temperatur misst)
- totale Erschöpfung oder Gereiztheit statt Strahlkraft

Die Ovulationsphase fühlt sich nicht für alle wie ein High an. Vielleicht spürst du hier keine Power, sondern eher Schlappheit oder innere Leere. Das kann körperliche Gründe haben: zum Beispiel einen Progesteronmangel, chronischen Stress oder Nährstoffmangel. All das kann den Eisprung verzögern, stören oder ganz ausbleiben lassen.

Für manche ist diese Zeit emotional besonders aufgeladen, vor allem, wenn ein (unerfüllter) Kinderwunsch mitschwingt. Dann kann der Eisprung weniger nach Lust und Lebensfreude klingen, sondern mehr nach Druck, Hoffnung, Traurigkeit.

Läuft alles so weit rund, merkst du vielleicht, dass du dich mental präsent, klar und sozial resilient fühlst. Das Dreamteam aus Östrogen, Testosteron, Serotonin und Dopamin sorgt für rundum gute Feelings:

Serotonin + Dopamin → stabiles Hochgefühl, Flow, Motivation
Testosteron → Selbstbewusstsein, Risikofreude, Lust
mehr Oxytocin → Verbindung, Nähe, Bindung

Durch die hormonelle Hochlage bist du körperlich belastbarer, emotional stabiler, und dein Stresslevel fühlt sich oft handhabbar an – selbst wenn's viel wird. Dein körpereigenes Schmerzsystem ist in der Zeit besser reguliert– ein guter Moment für Eingriffe, Zahn-OPs und Co, um die geringere Schmerzempfindlichkeit des Körpers und das High der Hormone für dich zu nutzen.
Prof. Dr. Julia Sacher und ihr Team vom Max-Planck-Institut für Kognitions- und Neurowissenschaften in Leipzig zeigen in ihrer Studie[11], dass rund um die Ovulation die Netzwerke im Gehirn, besonders zwischen präfrontalem Kortex, limbischem System und Sprachzentrum, besonders aktiv und gut miteinander verschaltet sind. Sie sprechen vom «Window of maximal connectivity». Hier ist dein präfrontaler Kortex (zuständig für Planung, Sprache und Selbststeuerung) hochaktiv: Du kannst emotional mitschwingen, gleichzeitig analytisch bleiben und das auch in Worte fassen. Die ideale Zeit für alle Gespräche, Präsentationen, Verhandlungen oder Dates.
Aber Achtung: Diese Energie ist kostbar. Der Sommer ist kurz, nicht nur auf der Nordhalbkugel, sondern auch im Zyklus. Und was danach kommt, kennen wir alle nur zu gut. Von der Gipfelparty geht's zurück ins Tal. Zumindest für die Hormone. Und emotional-mental vielleicht auch für dich. Let's see.

POST-OVULATION DIP

Plötzlich ist sie weg, die Hochstimmung der Ovulation. Gestern noch strahlend, sozial, lebendig und heute irgendwie leer, dünnhäutig oder melancholisch? Es kann sein, dass du noch nicht komplett in der nächsten Phase gelandet bist, sondern noch im Übergang und im Post-Ovulation Dip steckst. Nicht alle spüren es oder haben es, und das kann auch von Zyklus zu Zyklus variieren.
Dieser kleine Stimmungsabfall kurz nach der Ovulation kann entstehen, weil das Östrogen nach seinem Höhepunkt abrupt sinkt, während das Progesteron gerade erst ansteigt. Diese hormonelle Verschiebung kann sich wie ein Mini-Kater anfühlen, ein kurzer Absturz nach dem Hoch. Meist pendelt sich das System schon nach einem Tag wieder ein, und man landet in einer ruhigeren, stabileren Energie – dem Spätsommer des Zyklus, wo Fokus und Erdung langsam zurückkehren.

LUTEALPHASE (HERBST)

CA. TAG 15 BIS ZUR NÄCHSTEN BLUTUNG

Kommen wir zur längsten und beliebtesten Zyklusphase (lol) – der prämenstruellen Phase, auch zyklischer Herbst genannt.
Zeit für die nächste Magic: Der leere Follikel (die Hülle der Eizelle) verwandelt sich nach dem Eisprung zum Gelbkörper, der dann das Hormon Progesteron produziert. Progesteron ist in der Lutealphase oder dem zyklischen Herbst dafür zuständig, die Schleimhaut im Uterus weiter auszubauen, falls es zur Befruchtung kommt.

Nach dem Eisprung sinkt Östrogen, und Progesteron steigt deutlich an. Das wirkt:

- beruhigend über GABA-Rezeptoren → mehr Bedürfnis nach Ruhe
- emotional stabilisierend (im Idealfall), aber auch:
- verlangsamend, weniger Drive, mehr Rückzug

Progesteron erhöht deine Körpertemperatur nach dem Eisprung um etwa 0,3 bis 0,5 °C. Du brauchst mehr Wärme, mehr Ruhe, aber dein Körper ist auch schneller im Alarmmodus, deswegen sind wir zu der Zeit auch schneller gestresst oder schneller im Fight-or-Flight-Modus. Deine innere Alarmanlage wurde soeben scharf geschaltet. ;-) Gleichzeitig bleibt in der Lutealphase der Dopaminspiegel nicht stabil – je nach individueller Sensitivität kann das zu Antriebslosigkeit, Reizbarkeit oder melancholischer Stimmung führen.

Was in dieser Phase okay ist:

- leichte Stimmungsschwankungen
- mehr Bedürfnis nach Ruhe, Rückzug
- 10–16 Tage Länge
- erhöhte Stressempfindlichkeit
- etwas aufgeblähter Bauch, mehr Appetit (der Körper verbraucht im Schnitt 300 Kalorien mehr pro Tag)

Was Aufmerksamkeit braucht:

- länger als 5 Tage vor der Blutung depressive Verstimmung*, Angst, Panik

* Lass uns kurz über depressive Verstimmungen sprechen. Depressive Verstimmung bezeichnet laut ICD-11 (internationale statistische Klassifikation der Krankheiten und verwandter Gesundheitsprobleme der WHO)

- extreme Reizbarkeit, impulsives Verhalten
- heftige körperliche Symptome: Migräne, Brustspannen, starke Wassereinlagerungen, Spotting
- Länge der Lutealphase unter 10 Tage (Hinweis auf Gelbkörperschwäche)

Diese Kombination von psychischen und körperlichen Symptomen kann zu einer Intensität führen, die weit über Stimmungsschwankungen hinausgeht und eine gezielte Aufmerksamkeit und Behandlung erfordert (auch dazu mehr in Kapitel 4).

Manche landen sanft im inneren Herbst, andere werden regelrecht hineingeschleudert. Durch den raschen Abfall von Östrogen und den Anstieg von Progesteron nach dem Eisprung kann das sogenannte *post-ovulation dip* (siehe oben) ausgelöst werden. Für mich war das ein echter Aha-Moment: An einem Tag will ich noch die ganze Welt umarmen, am nächsten sitze ich da und frage mich, warum plötzlich alles so traurig und schwer ist. Oft kommt danach eine Phase, die sich wie Spätsommer anfühlt: Die hormonelle Achterbahn be-

im prämenstruellen Kontext einen Zustand, der sich durch eine anhaltend gedrückte Stimmung oder einen signifikanten Verlust an Freude und Interesse auszeichnet. Im Kontext prämenstrueller Beschwerden umfasst sie nicht nur leichte Stimmungsschwankungen, sondern mehrere psychische und körperliche Symptome, die über mindestens fünf Tage vor der Regelblutung auftreten und eine deutliche Beeinträchtigung der Lebensqualität bewirken. Die Ursachen können unterschiedlich sein, manchmal bewegen wir uns schon im Bereich der PMDS (dazu ausführlich gleich im anschließenden Kapitel 4). Zu den wesentlichen Merkmalen von PMDS gehören: anhaltende depressive Stimmung oder starke Reizbarkeit, verminderte Motivation und Antriebslosigkeit, impulsives oder dysreguliertes Verhalten, begleitende Angst- oder Paniksymptome.

ruhigt sich ein bisschen, Progesteron entfaltet seine positive Wirkung – sanft, stabilisierend, entschleunigend.

Durch das sinkende Östrogen springt außerdem dein *Bullshitometer* an. Das ist der Modus, in dem du mit einem Blick genau jeden Krümel in einem Raum siehst, jeden Fehler in einem Text oder einer Excel-Liste findest und überhaupt gaaanz genau weißt, was hier gerade nicht mehr richtig läuft.

Neurobiologisch zeigt sich in dieser Phase im Vergleich zur Follikelphase eine veränderte Vernetzung im Gehirn. Die Amygdala (Struktur von Gehirnregion, die für Emotionen, Bedrohungserkennung und Alarmreaktionen zuständig ist) ist jetzt aktiver. Sie kommuniziert intensiver mit dem Hippocampus (zuständig für Erinnerungen) und dem präfrontalen Kortex (verantwortlich für Reflexion und Regulation).

Das führt dazu, dass du mehr spürst, intensiver nachdenkst und dich emotionaler erinnerst. Du bist feiner abgestimmt auf Stimmungen, sowohl in dir selbst als auch bei anderen. Das kann ein Geschenk sein, indem es deine emotionale Intelligenz, Klarheit und Intuition stärkt. Gleichzeitig kann es aber auch zur Belastung werden, wenn die Vielzahl an inneren oder äußeren Stressoren dich überflutet.

Das Default Mode Network – das Netzwerk im Gehirn für Selbstbezug, innere Bilder und biografisches Nachdenken – läuft jetzt auf Hochtouren. Das erklärt auch, warum du Rückzugstendenzen spürst, dich nach tieferer Reflexion sehnst und ein deutlich erhöhtes Bedürfnis nach Alleinsein oder Klarheit in Beziehungen verspürst. Wenn in dieser Zeit plötzlich alte Themen wieder hochkommen, ist das kein Rückschritt, sondern es ist dein Gehirn, das aufräumt, und deine Hormone, die dich dabei unterstützen, die wichtigen Dinge in deinem Leben zu sehen und anzugehen.

Die Aktivierung des Default Mode Network in der Lutealphase ist ein Grund, warum wir in der Zeit so viele Dinge schneller persönlich nehmen und empfindlicher reagieren. Dieser Zusammenhang ist wichtig, um zu verstehen, woher diese Reaktionen auf körperlicher Ebene kommen.

Was wir uns trotzdem unbedingt klarmachen müssen – gerade weil es so oft kleingeredet wird: **Es sind nicht einfach nur die Hormone.** Zu oft wird unser Verhalten in der prämenstruellen Phase abgewertet: als übertrieben, irrational, unberechenbar. Wir übernehmen dieses Narrativ und sagen dann zu uns selbst: «Ach, ich überreagiere. Das sind halt die Hormone.» Es bringt vielleicht kurzfristig Erleichterung, weil wir eine Erklärung haben und uns das meistens guttut. Doch das ist nicht das Verständnis, das wir hier brauchen, denn es dabei zu belassen, bedeutet, uns ein Stück weit selbst nicht ernst zu nehmen. Langfristig sorgt es höchstwahrscheinlich dafür, dass unsere prämenstruellen Zustände immer lauter werden, bis wir endlich zuhören und hinschauen.

Wie wäre es damit? Die Hormone in der prämenstruellen Phase sind (d)eine Lupe. Sie verdeutlichen, was sowieso schon da ist, aber oft überdeckt wird. Was in Beziehungen, im Job, im Alltag nicht rundläuft. Wo wir uns anpassen, funktionieren, durchhalten, obwohl es für uns nicht (mehr) stimmt. Wenn der Östrogenspiegel sinkt, fällt der innere Weichzeichner und Glitter weg. Was bleibt, ist Klarheit. Und ja, sie kann schmerzen. Aber sie ist auch eine Chance, uns selbst wieder näherzukommen.

Wir haben gesehen, dass der Menstruationszyklus kein mystisches Geheimnis ist, sondern ein klar strukturierter biologischer Rhythmus, den zu kennen sich so krass lohnt. Jede der vier Phasen wechselt wie die Jahreszeiten, die uns umgeben, und jede bringt ihre eigene Superpower, Herausforderungen und Chancen mit sich. Vom Neustart der Menstruation über den Aufschwung der Follikelphase bis zum hormonellen Höhepunkt im Sommer und der Präzision des zyklischen Herbstes.

Wenn du deine Phasen verstehst, kannst du deine Energie, Stimmung und Leistung nicht nur besser einordnen, sondern auch viel bewusster und liebevoller damit umgehen. Hier gibt es nichts, wofür wir uns schämen sollten, sondern eine herzliche Einladung, deinen Körper und seine Rhythmen ernst zu nehmen.

Wow. Ich bin jedes Mal aufs Neue fasziniert, was der Zyklus da alles regelt – ganz ohne unser Zutun. Was für ein System. Was für ein Körper. Und wie cool ist es bitte, dass wir permanent von unserem Körper *Notifications* bekommen?

Wenn du allerdings das Gefühl hast, es sind bei dir keine sanften Hinweise, sondern eher ein innerer Daueralarm – vor allem in der Lutealphase –, say no more! Das nächste Kapitel ist für dich. Let's talk about PMS und PMDS, Baby.

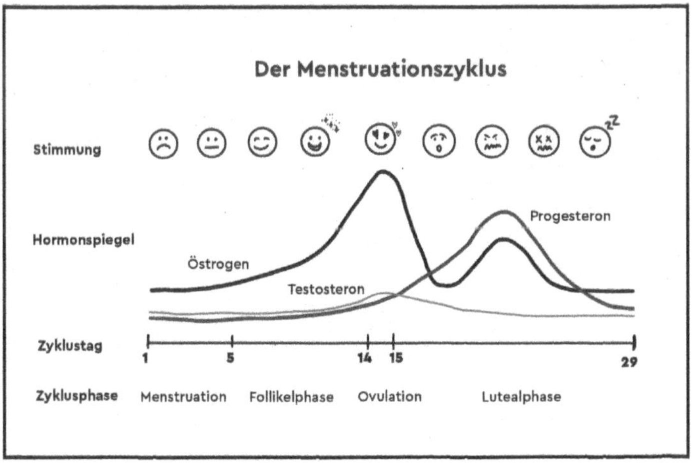

4.

DOOMSDAYS: WENN DEINE WELT DUNKEL WIRD – PMS UND PMDS

Content-Warnung: *In diesem Kapitel werden zum Teil starke psychische Belastungen und Gedanken beschrieben. Wenn du das nicht lesen möchtest, fühl dich frei, im nächsten Kapitel weiterzulesen, oder lies es gemeinsam mit einer vertrauten Person, die dich gut begleiten kann, falls das für dich intensiv wird.*

In meiner Welt hat jemand das Licht ausgeknipst. Ich spüre es gleich in den ersten Momenten des Aufwachens. Die Dunkelheit ist wieder da. Mein Körper zehn Tonnen schwer. Keine Ahnung, wie ich vom Bett ins Bad kommen soll, um zu duschen. Duschen: die ganzen Bewegungen beim Einseifen und Haarewaschen. Wie anstrengend. Das schaff ich nicht. Zur Arbeit gehen, wenn ich nicht mal aus dem Bett komme? No way! Please let me disappear. Hilfe, ich brauche Hilfe! Ich schaff das nicht. So will ich nicht leben. Heiße, salzige Tränen strömen mir übers Gesicht, während die Sätze in Dauerschleife in meinem Kopf laufen. Ich muss mich bei der Arbeit krankmelden. Das ist so unangenehm, die Leute denken bestimmt, dass ich total unzuverlässig bin. Warum kann ich nicht einfach normal sein? Wie alle anderen auch? Vielleicht bin ich ja wirklich kaputt und einfach nicht dafür gemacht, ein normales Leben zu führen. Why me? Hatte ich es nicht schon schwer genug im Leben? Noch mehr heiße Tränen, meine Stirn total verkrampft, mein Kopf brummt und schmerzt. Das Kissen fühlt sich klamm unter meiner Wange an. Meine Nase ist verstopft, ich versuche, durch den Mund zu atmen. Es schüttelt mich durch. Ich will das nicht. Ich kann das nicht. Bitte, lass mich sterben. Ich will diese Gefühle nicht haben.

Damals wusste ich nicht, dass es für diese Dunkelheit eine biologische Erklärung gibt – eine, die nichts mit meinem vermeintlichen Versagen zu tun hat. Was sich für mich wie persönliches Scheitern anfühlte, ist in Wahrheit ein Problem, das Millionen von Menschen weltweit betrifft. PMDS: die prämenstruelle dysphorische Störung.
Ich erinnere mich noch gut an die Tage, an denen ich dachte, ich sei einfach schwach, nicht belastbar genug, irgendwie kaputt. Aber warum passiert das überhaupt? Warum erleben manche Menschen diese Dunkelheit immer wieder, während andere sie kaum kennen?
PMDS und PMS werden oft in einen Topf geworfen, doch sie sind nicht dasselbe. Während PMS (prämenstruelles Syndrom) eine Mischung aus körperlichen und mentalen Empfindungen beschreibt, die hormonell bedingt und tendenziell milder sind, zeigt sich PMDS (prämenstruelle dysphorische Störung) vor allem durch psychische Symptome. Es handelt sich um eine empfindliche Reaktion des Gehirns auf die natürlichen hormonellen Schwankungen in der zweiten Zyklushälfte – mit erheblichen Auswirkungen auf den Alltag und die Lebensqualität.
Diese engen Verknüpfungen zwischen Zyklus und Psyche machen eines klar: Menstrual Health = Mental Health.
Lass uns die beiden mal genauer unter die Lupe nehmen.

WAS IST PMS?

Der Begriff «prämenstruelles Syndrom» (PMS) hat sowohl in der klinischen Forschung als auch in der Alltagssprache eine lange Geschichte. In der Allgemeinbevölkerung und in der Populärkultur wird PMS häufig verwendet, um die schwankende Stimmung, Depressionen, Wut oder das Verhalten von Frauen und Menstruierenden zu erklären – oder leider auch abzutun.

Aus medizinischer Sicht beschreibt PMS eine Ansammlung von 150 körperlichen und emotionalen Symptomen, die hormonell bedingt sind.[12] Dazu gehören beispielsweise Blähungen, Brustspannen, Heißhunger, Reizbarkeit oder Weinerlichkeit. Diese Symptome treten in der zweiten Zyklushälfte auf und verschwinden meist mit Einsetzen der Menstruation.

Bis zu 80 % aller Menstruierenden[13] erleben im Laufe ihres Lebens eine Form von PMS. Dabei können die Symptome von leicht bis schwer variieren. Für viele Betroffene eine Herausforderung, die die Lebensqualität erheblich beeinträchtigen kann – sei es in Beziehungen, im Arbeitsumfeld oder in der Schule. In der Regel können die Symptome von PMS jedoch gut behandelt werden und erfordern keine verschreibungspflichtigen Medikamente wie Antidepressiva.

Was bei PMS zum Beispiel verlässlich hilft:

Ernährung: ausreichend Vitamine und Mineralstoffe wie Magnesium (besonders in der zweiten Zyklushälfte, mindestens jedoch 7–10 Tage vor deiner Blutung 400 mg täglich, am besten abends, ich empfehle Magnesiumcitrat).

Bewegung: Regelmäßige körperliche Aktivität fördert die Durchblutung und hilft, Stress abzubauen. Spaziergänge, mehr Treppen gehen, das sind schon alltagstaugliche Anfänge.

Stressmanagement: Entspannungstechniken wie Breathwork, Yoga oder Meditation wirken ausgleichend.

Individuelle Strategien: Es ist wichtig, verschiedene Ansätze zu testen und auf die Signale des eigenen Körpers zu hören. Oft gehört Neinsagen zu einem der besten Mittel gegen PMS, mehr dazu in Kapitel 5 und 8.

UND WAS GENAU IST PMDS?

Anders als PMS, das vor allem eher körperliche Symptome beschreibt, stehen bei PMDS die psychischen und mentalen Symptome im Vordergrund. Die prämenstruelle dysphorische Störung (PMDS), auf Englisch «premenstrual dysphoric disorder» (PMDD), ist eine ernst zu nehmende Störung, die eng mit dem Menstruationszyklus verbunden ist. Sie ist gekennzeichnet durch eine Reihe von psychischen Symptomen, die regelmäßig in der zweiten Zyklushälfte, der sogenannten Lutealphase, auftreten und mit Beginn der Menstruation abklingen.

Zu den häufigsten Symptomen zählen starke Stimmungsschwankungen, Depressionen, Reizbarkeit, Angstzustände und das Gefühl, von allem überwältigt zu sein. Dr. Almut Dorn, eine der führenden PMDS-Expertinnen im deutschsprachigen Raum, beschreibt es so: «Alles geht einem sofort nah, geht sofort unter die Haut, in die tiefste Ebene. Man stellt alles infrage. Manche Frauen beschreiben Gedankenrasen.» Diese Intensität ist kein Zeichen von Schwäche, sie zeigt, wie empfindlich das Gehirn auf hormonelle Veränderungen reagiert.

Du kannst dir PMDS wie eine «allergische Reaktion» auf hormonelle Veränderungen im Zyklus vorstellen. Während die meisten Menstruierenden diese Schwankungen kaum bemerken oder gut bis okay damit umgehen können, reagiert das Gehirn von Menschen mit PMDS besonders sensibel. Die Psychiaterin und Psychotherapeutin Dr. Carmen Cramer* erklärt den entscheidenden Unterschied: «Auslösend für PMDS ist

* Die Zitate von Dr. Dorn und Dr. Cramer stammen aus persönlichen Gesprächen / Interviews, die ich mit beiden geführt habe.

eben nicht primär ein Mangel, sondern es sind die Schwankungen. Man hat in unterschiedlichen Therapieansätzen versucht, das zu behandeln, und gesehen, dass das einfache Hinzufügen von Hormonen nicht unbedingt Erfolg versprechend ist.» Es geht also nicht darum, dass dir etwas fehlt, sondern darum, wie dein Körper auf die natürlichen Wechsel der Hormone in der zweiten Zyklushälfte reagiert.
Viele Betroffene beschreiben einen besonders belastenden Aspekt: das Gefühl, sich selbst zu verlieren. «Dass sie das nicht verfügbar haben, dass sie den Eindruck haben, sich in jemand anderes zu verwandeln. Ich glaube, das ist das Belastendste, manchmal nicht mehr zu wissen, wer bin ich denn eigentlich?», so Dr. Dorn. Diese Identitätskrisen sind ein zentrales Merkmal von PMDS. Wir werden in unserer Unversehrtheit erschüttert und können das Vertrauen in unsere Identität verlieren – eine Erfahrung, die tief geht und sehr durcheinanderbringen kann. Hinzu kommt die verzweifelte Überzeugung in dem Moment selbst: «Wenn man in dieser zweiten Zyklushälfte ist, da so reinrauscht und in dem Moment denkt, da komme ich nie wieder raus, diesmal bleibt es für immer», so Dr. Dorn.
Was passiert denn da eigentlich im Körper? Dr. Dorn erklärt das Grundprinzip: «Wir haben eine sehr hohe Aufmerksamkeitsmöglichkeit, nenne ich es jetzt mal, und damit vielleicht weniger Möglichkeit, zu filtern und Dinge auszublenden.» Das bedeutet: Menschen mit PMDS nehmen alles intensiver wahr – Emotionen, Reize, Konflikte. Der natürliche Filter, der uns sonst vor Überstimulation schützt, funktioniert nicht mehr wie gewohnt.
Im vor allem in den USA genutzten DSM-5 (Diagnostic and Statistical Manual of Mental Disorders) wird PMDS als psychische Störung klassifiziert, weil der Fokus auf den starken

emotionalen Symptomen wie Depression, Angst oder Reizbarkeit liegt. In der internationalen Klassifikation von Krankheiten (ICD-11) der WHO wird PMDS jedoch primär als gynäkologische Erkrankung eingestuft, da sie eng mit den hormonellen Veränderungen des Menstruationszyklus zusammenhängt. Gleichzeitig verweist die ICD-11 auf die psychischen Aspekte von PMDS, wodurch die komplexen Zusammenhänge zwischen Körper und Psyche anerkannt werden.
Diese doppelte Perspektive unterstreicht, wie wichtig es ist, PMDS ganzheitlich zu betrachten – als eine Erkrankung, die sowohl den Körper als auch die Psyche betrifft.

SYMPTOME VON PMDS

Die Symptome von PMDS sind so schwerwiegend, dass sie den Alltag massiv einschränken können. Viele Betroffene haben eine Vorgeschichte mit Depressionen oder sexuellem Trauma, jedoch nicht alle. Es gibt bisher (Stand Ende 2025) keinen spezifischen Blut- oder Speicheltest zur Diagnose, jedoch helfen solche Tests, andere Ursachen auszuschließen.
Für eine PMDS-Diagnose müssen mindestens fünf der folgenden Symptome vorliegen, darunter mindestens eines der ersten vier Kernsymptome. Sie müssen in den meisten Zyklen eines Jahres auftreten und über mindestens 2 bis 3 Zyklen hinweg dokumentiert werden.

Kernsymptome

- depressive Verstimmung, Hoffnungslosigkeit, Selbstzweifel oder Schuldgefühle
- Angst, Anspannung oder das Gefühl, aufgedreht oder gereizt zu sein

- Stimmungsschwankungen (plötzliche Traurigkeit, Weinen, Empfindlichkeit gegenüber Zurückweisungen)
- Reizbarkeit oder Wut, oft mit zwischenmenschlichen Konflikten verbunden

Weitere Symptome

- vermindertes Interesse an alltäglichen Aktivitäten (z. B. Arbeit, Schule, Freunde, Hobbys)
- Konzentrationsschwierigkeiten («Brain Fog»)
- Müdigkeit oder Energielosigkeit
- Veränderungen des Appetits (z. B. Heißhunger, übermäßiges Essen oder Appetitlosigkeit)
- Schlafstörungen (z. B. Schlaflosigkeit oder erhöhtes Schlafbedürfnis / Hypersomnie)
- Gefühl des Überwältigtseins oder Kontrollverlusts
- körperliche Beschwerden (z. B. Brustspannen oder Schwellungen, Gelenk- oder Muskelschmerzen, Blähungen oder Gewichtszunahme)

Nerdalert:
Die fünf zentralen Hypothesen zur Ursache von PMDS
Die genauen Ursachen von PMDS sind noch nicht vollständig erforscht, aber die Wissenschaft hat bereits einige spannende Hypothesen und Erkenntnisse gesammelt. Spoiler: Es liegt nicht daran, dass «irgendwas mit dir falsch» ist. PMDS ist eine komplexe Reaktion deines Körpers und Gehirns auf ganz natürliche Prozesse. Hier sind die wichtigsten Ansätze:

1. Überempfindlichkeit gegenüber normalen Hormonfluktuationen
PMDS entsteht nicht durch ein Hormonungleichgewicht, sondern weil das Gehirn besonders sensibel auf den natürli-

chen Abfall von Östrogen und Anstieg von Progesteron in der zweiten Zyklushälfte reagiert.

Besonders spannend: Allopregnanolon, ein Stoffwechselprodukt von Progesteron, wirkt normalerweise beruhigend und angstlösend. Bei Menschen mit PMDS scheint diese Wirkung jedoch «umzukippen», was zu Reizbarkeit oder Aggression führen kann. «Das Abbauprodukt vom Progesteron, das Allopregnanolon, bindet an die GABA-A-Rezeptoren, und es findet eine gegensätzliche Aktivierung statt», erklärt Dr. Cramer den biochemischen Mechanismus dahinter.

2. Rolle des GABA-Systems

GABA (Gamma-Aminobuttersäure) ist eine Art «Beruhigungsmittel» deines Gehirns, das Stress abbaut und für Entspannung sorgt. Es liegt nahe, dass bei PMDS dieses System während der Lutealphase nicht richtig funktioniert, weil die GABA-A-Rezeptoren weniger empfindlich sind oder weil zu wenig Allopregnanolon verfügbar ist. Das kann dazu führen, dass die stabilisierende Wirkung von GABA fehlt.

3. Serotonin-Dysregulation

Serotonin, der «Glücksbotenstoff», hilft dabei, Stimmung und Emotionen auszugleichen. Bei PMDS funktioniert dieses System möglicherweise nicht optimal. Dr. Cramer weist auf eine wichtige Verbindung hin: «Die Östrogenrezeptoren und Progesteronrezeptoren liegen sehr nah an den Serotoninrezeptoren im Gehirn, und es gibt Rückkopplungsmechanismen.» Das erklärt, warum Antidepressiva wie SSRIs (selektive Serotonin-Wiederaufnahmehemmer), die den Serotoninspiegel beeinflussen, oft so wirksam bei PMDS sind.

4. Genetische Prädisposition

Studien legen nahe, dass PMDS genetisch bedingt sein kann. Bestimmte Genvarianten, die Östrogen- oder Serotoninrezeptoren regulieren, könnten dafür verantwortlich sein, dass manche Menschen stärker auf hormonelle Schwankungen reagieren als andere. Wenn also jemand in deiner Familie ähnliche Symptome hat, ist das wahrscheinlich kein Zufall.

5. Einfluss von Entzündungen und Stress (HPA-Achse)

Die HPA-Achse (Hypothalamus-Hypophysen-Nebennieren-Achse) ist wie eine zentrale «Stress-Schaltstelle» im Körper. Sie steuert, wie dein Körper auf Stress reagiert, unter anderem durch die Freisetzung von Cortisol, dem Stresshormon. Wenn diese Achse dysreguliert ist, wie es bei chronischem Stress oder Trauma der Fall sein kann, könnten PMDS-Symptome verstärkt werden.[14]

WANN TRITT PMDS AUF? DIE ROLLE DER LEBENSPHASEN

PMDS kann zu unterschiedlichen Zeitpunkten im Leben auftreten oder sich verschlimmern. Auch Dr. Cramer beobachtet, dass es bei manchen Patientinnen sehr früh auftritt, bei anderen in den 20ern oder 30ern, gerne auch nach der ersten Schwangerschaft oder in besonders stressigen Lebensphasen, in «der Rushhour des Lebens», wie sie es gern bezeichnet.

Wenn dein Leben ohnehin schon voll ist – durch Care-Arbeit, Job, Beziehungen, gesellschaftlichen Druck –, dann können die hormonellen Schwankungen das Fass zum Überlaufen bringen.

Diese Erkenntnisse zeigen: PMDS ist nicht einfach «eingebildet» oder «schlechte Laune», sondern eine komplexe Wechselwirkung zwischen Hormonen, Gehirnchemikalien, deiner individuellen Biologie und dem Kontext, in dem sich dein

Leben gerade abspielt. Zu verstehen, was in deinem Körper passiert, ist der erste Schritt, um Lösungen zu finden.

WIE BEKOMME ICH EINE DIAGNOSE?

Du hast dich in den Symptomen wiedererkannt und fragst dich: Vielleicht habe ich PMDS, was jetzt? Die Wahrheit ist: Es gibt keinen einfachen, schnellen Weg. Aber es gibt einen Weg, und der beginnt mit dir. Um Klarheit zu bekommen und eine Diagnose zu erhalten, sind zwei Dinge entscheidend: Geduld und Eigenverantwortung. Klingt nervig? Vielleicht. Aber es lohnt sich. Denn nur wenn du verstehst, was in deinem Körper passiert, kannst du die richtigen Schritte gehen.

TRACK YOURSELF AND YOUR CYCLE!

Das Tracken (dein täglicher Check-in mit dir und deinem Zyklus) ist der erste Schritt auf dem Weg zur Diagnose, denn es liefert die Grundlage, um Muster zu erkennen und andere Ursachen auszuschließen. Ums Tracking führt kein Weg herum, denn im Fall von PMDS ist es essenziell, um die Diagnose zu stellen (oder auch herauszufinden, ob es andere Ursachen für deine Stimmungen gibt).

Auch Dr. Almut Dorn macht deutlich, dass Zyklustracking das A und O ist, um ein monatliches Wiederkehren der Symptome festzustellen. Ohne diese Dokumentation ist eine fundierte Diagnose kaum möglich. «Der Unterschied, der sich beim prämenstruellen dysphorischen Syndrom noch zeigt, ist der affektive Zusatz, also die affektiven Symptome. Affektiv kommt von Stimmung, das heißt die Stimmungsbeeinträchtigung, Leistungsbeeinträchtigung», erklärt sie den diagnostischen Kern.

Das Tracken muss nicht kompliziert sein. Eine kurze Notiz in einer App, drei Worte in einer WhatsApp-Nachricht an dich selbst oder ein kleiner Eintrag im Notizbuch morgens im Bad oder abends nach dem Zähneputzen reichen völlig aus. Mit ein wenig Übung wird es ein natürlicher Teil deines Alltags. Es ist supereasy und schnell gemacht und bringt dir so viel! (Mehr dazu in Kapitel 7.)

Das Tracken ist wie ein Schlüssel, der dir hilft, die Muster in deinem Körper zu erkennen und besser zu verstehen. Es ist der erste Schritt, um das Chaos zu ordnen und dir selbst die Unterstützung zu geben, die du brauchst, um dich langfristig besser zu fühlen.

DIE DIAGNOSESTELLUNG: MEHR ALS NUR EIN TEST

Die Diagnosestellung ist noch etwas tricky, da PMDS nicht wie viele andere Krankheiten im Blut nachweisbar ist. Damit eine PMDS-Diagnose gestellt werden kann, braucht es nicht nur das Zyklustagebuch deiner Symptome, sondern es müssen diverse andere Ursachen ausgeschlossen werden.

Was oft übersehen wird: PMDS tritt häufig nicht isoliert auf. Dr. Dorn erklärt: «Es gibt mehrere Studien, die belegen, dass es irgendwo einen Zusammenhang gibt, in denen wir sehen, dass Frauen mit einer PMDS-Diagnose auch häufiger eine PTBS, also eine posttraumatische Belastungsstörungsdiagnose haben.» Das bedeutet nicht, dass du zwingend ein Trauma haben musst, um PMDS zu entwickeln, aber es zeigt, wie komplex die Zusammenhänge sind.

Dr. Dorn betont eine weitere wichtige Beobachtung aus ihrem Praxisalltag, die auf einen möglichen Zusammenhang zwischen PMDS und ADHS hinweist. Diese Doppeldiagnosen begegnen ihr immer häufiger. Sollte die spezifische Sensibilität, auf bestimmte Reize zu reagieren, auch mit PMDS in Zusammenhang stehen, hält sie es für sehr spannend, das in Zukunft gemeinsam zu erfassen. Neurodivergenz und zyklische Sensibilität können sich gegenseitig verstärken – ein Bereich, der dringend mehr Forschung braucht.

Was durch diverse Untersuchungen ausgeschlossen werden muss:
Liegt eine prämenstruelle Verschlimmerung vor? Bei Menschen mit Depression kann es beispielsweise sein, dass sich die Symptome vor der Periode verstärken und dadurch wie PMDS erscheinen, obwohl eine andere Ursache zugrunde liegt. Auf Englisch heißt das PME, premenstrual exacerbation.
Hormonelle Ursachen prüfen: Gibt es hormonelle Dysbalancen?
Nährstoffe im Blick behalten: Sind Werte wie Vitamin D, B12, Magnesium oder Eisen im Normalbereich?
Schilddrüsenfunktion testen: Auch Schilddrüsenprobleme können ähnliche Symptome verursachen.
Ausführliche Blutdiagnostik: um andere Erkrankungen auszuschließen, die deine Symptome erklären könnten.
DUTCH-Test: Dieser Test analysiert den Hormonstoffwechsel und kann hilfreiche Hinweise geben (leider bisher in Deutschland nur als Selbstzahlerleistung möglich).

Wenn alle Werte unauffällig sind und dein Tracking ein klares Muster zeigt, ist eine PMDS-Diagnose sehr wahrscheinlich. Der Schlüssel liegt in der Kombination: Deine dokumentierten Symptome über mindestens zwei bis drei Zyklen und der Ausschluss anderer Ursachen geben dir und deinem Arzt oder deiner Ärztin die notwendige Klarheit.

Die Wahrheit ist: Der Weg mag nicht leicht sein, aber er ist möglich. Und mit den richtigen Werkzeugen und dem Wissen über deinen Körper kannst du die Kontrolle zurückgewinnen und richtig viel für dich selbst tun – Schritt für Schritt.

WIE KANN MAN PMDS BEHANDELN? IST ES HEILBAR?

Ist PMDS heilbar? Wie werde ich es wieder los? Das sind die Fragen, die sich hier aufdrängen. Und die sich zurzeit leider noch nicht richtig beantworten lassen. Ich habe mit Betroffenen gesprochen, die sagen, sie sind von PMDS geheilt. Dann gibt es Fachpersonen, die überzeugt sind, PMDS ist eine Lebenszeitdiagnose, zumindest bis zur Menopause. Die ehrliche und kurze Antwort auf die Frage, ob PMDS heilbar ist, lautet: keine Ahnung. Wir wissen es (noch) nicht.

Bevor wir weiter ins Detail gehen, müssen wir über ein Wort sprechen, das in fast jedem Gespräch über PMDS und auch über mentale Gesundheit früher oder später auftaucht: Heilung. Du findest es überall – in Instagram-Posts (#healyourtrauma), in spirituellen Kreisen, in medizinischen Kontexten. Aber was bedeutet «Heilung» eigentlich? Und noch wichtiger: Was macht es mit uns, wenn wir unsere zyklischen Erfahrungen durch diese Brille betrachten?

Der Heilungsdiskurs kann schnell zur Falle werden. Er suggeriert, dass es einen «normalen», «gesunden» Zustand gibt, zu dem wir zurückkehren müssen (und können), und dass wir selbst die Verantwortung dafür tragen, diesen zu erreichen. Wenn du dich nicht gut fühlst, ist es dein Job, das zu «fixen». Wenn du noch immer mit PMDS-Symptomen kämpfst, hast du noch nicht genug gearbeitet, nicht die richtige Therapie gemacht, nicht das richtige Mindset entwickelt.

Das ist nicht nur unfair, es ist auch brandgefährlich. Denn es reproduziert eine alte, toxische Erzählung: die der «hysterischen Frau», die sich mal zusammenreißen und ihre Emotionen in den Griff bekommen sollte. Nur diesmal kommt sie im Gewand der Selbstoptimierung und Eigenverantwortung daher.

Wenn Millionen von menstruierenden Menschen unter PMS und PMDS leiden, ist das dann wirklich ein individuelles Gesundheitsproblem? Oder ist es nicht vielmehr ein lautes, deutliches Signal an eine Gesellschaft, die:

- keine Rücksicht auf natürliche Rhythmen nimmt,
- Dauerfunktionieren als Normalzustand definiert,
- Care-Arbeit unsichtbar macht und abwertet,
- Stress, Leistungsdruck und Vereinzelung normalisiert,
- Körperwissen systematisch entwertet.

Wenn du in einem System lebst, das nicht für zyklische Wesen gebaut ist, sondern auf linearer Produktivität basiert, dann ist es nur logisch, dass dieses System dich krank macht. Die Frage ist: Sollst du dich heilen, oder sollten wir das System heilen?

Scroll mal durch Instagram oder TikTok und schau, wie oft dir Posts über «healing your trauma» oder «cycle syncing your way to wellness» begegnen. Das Problem dabei: Komplexe medizinische und psychische Zusammenhänge werden zu simplen Before-after-Storys reduziert. Heilung wird zur Marke, zum Lifestyle, zum Content.

Die Soziologin Laura Wiesböck beschreibt in ihrem Buch «Digitale Diagnosen», wie problematisch es ist, wenn komplexe psychische Zustände in den sozialen Medien zu simplen Identitätskategorien werden. Sie warnt vor der «Therapeutisierung des Alltags» – einem Prozess, bei dem normale Lebens-

probleme als behandlungsbedürftige Störungen umdefiniert werden.
Diese digitale Heilungskultur kann gefährlich werden, wenn sie:

- realistische Zeitrahmen ignoriert (PMDS ist nicht in 30 Tagen «geheilt»),
- Komplexität leugnet (nicht alles ist mit Meditation und grünen Smoothies lösbar),
- Schuld zuweist (wenn es nicht funktioniert, machst du was falsch),
- professionelle Hilfe ersetzen will.

Das ist ein wichtiger Punkt für unsere PMDS-Diskussion: Wo ist die Grenze zwischen natürlichen zyklischen Schwankungen und behandlungsbedürftigen Symptomen? Wann wird aus dem Wunsch, seinen Körper zu verstehen, eine Pathologisierung normaler Erfahrungen?
Ich plädiere dafür, dass wir PMDS-Leiden und heftige Stimmungsschwankungen ernst nehmen UND systemkritisch bleiben.
Hier ist die wichtige Nuance: PMDS ist real. Es kann lebensbedrohlich sein. Menschen brauchen und verdienen Unterstützung, Behandlung und manchmal auch medizinische Intervention. Das ist nicht verhandelbar.
Gleichzeitig können wir fragen: Warum sind so viele Menschen betroffen? Was sagt uns das über die Bedingungen, unter denen wir leben? Und wie können wir sowohl individuelle Lösungen anbieten als auch strukturelle Veränderungen fordern?

EIN NEUES NARRATIV

Statt «Heile deinen Zyklus» könnten wir sagen: «Verstehe deinen Zyklus.» Statt «Du bist kaputt und musst gefixt werden» könnten wir sagen: «Du lebst in einem System, das nicht für dich gemacht ist, lass uns schauen, wie dein Weg darin möglichst angenehm aussehen kann.»
Was bedeutet das für dich konkret?

- Es gibt keine One-Size-Fits-All-Lösung
- «Heilung» bedeutet verschiedene Dinge für verschiedene Menschen
- Individuelle UND strukturelle Faktoren spielen eine Rolle
- Du bist auf (d)einem Weg, und der darf gewunden und voller Abzweigungen sein

REALISTISCHE HEILUNGSERWARTUNGEN

Vielleicht ist es viel leichter vorstellbar, dass unsere schlimmsten Krisen irgendwann «nur noch» einige Tage mit sehr schlechter Laune sind. Dass wir von «Ich will nicht mehr leben» zu «Ugh, heute ist ein Scheißtag» kommen. Der Gedankensprung von «Ich bin suizidal» zu «Wenn du X und Y machst, bist du es für immer los» ist riesig – zu riesig für die meisten von uns.
Natürlich würde ich dir und uns das gerne geben: die komplette Heilung, das perfekte Happy End. Ich würde nicht sagen, dass ich froh bin, PMDS zu haben. Aber ich habe gelernt, so damit zu leben, dass mein Leben ziemlich geil ist. Und auf dem oft unbequemen Weg dahin lagen tatsächlich einige Ge-

schenke: bessere Beziehungen, mehr Selbstkenntnis, tieferes Mitgefühl – sowohl für mich als auch für andere.
Das bedeutet nicht, dass wir PMDS verharmlosen, Lösungsansätze ablehnen oder darauf bestehen, aus unserem Schmerz etwas Gutes machen zu müssen. Es bedeutet, dass wir einen kritischen Blick darauf werfen dürfen, welche Geschichten wir uns über Körper, Gesundheit und Verantwortung erzählen, und dass Expert*innen ehrlich mit uns sind über die Grenzen ihres Wissens.
Okay, genug Systemkritik. Lass uns konkret werden. Denn auch wenn wir das große Ganze im Blick behalten müssen, brauchst du JETZT Unterstützung. Was also hilft wirklich?

KONKRETE BEHANDLUNGSANSÄTZE: DEIN INDIVIDUELLER WEG

Dieses Buch und diese Tipps ersetzen keinen Arztbesuch, und es ist wichtig, dass du deine individuelle Situation von medizinischen Profis abklären lässt. Bitte nimm das unbedingt ernst. Im Folgenden führe ich einige Methoden und Behandlungsansätze auf, mit denen ich mich ein wenig auskenne und die von Ärztinnen erfolgreich angewandt werden. Wenn du das alles detaillierter verstehen und nachlesen möchtest, ist zurzeit immer noch das Werk «PMDS als Herausforderung» von Dr. Almut Dorn, Dr. med. Anneliese Schwenkhagen und Prof. Dr. med. Anke Rohde das Nachschlagewerk der Wahl (Kohlhammer, 2022, siehe Literaturverzeichnis im Anhang).
Neben der ärztlichen Abklärung deiner Situation ist es zugleich wichtig, dass du die Expertin für dich selbst bist oder wirst. Das klingt vielleicht erst mal überfordernd, aber es ist

tatsächlich empowernd. Denn niemand kennt deinen Körper so gut wie du. «Wir wollen erst mal die Betroffene selber zur Expertin machen», erklärt Dr. Dorn den therapeutischen Ansatz ihrer Arbeit und ihrer Praxis in Hamburg. «Wir müssen anerkennen, dass die Frauen, die zu uns kommen, schon lange unterschiedliche Dinge für sich ausprobiert haben, um mit den Beschwerden umzugehen.»

In den nächsten Abschnitten findest du evidenzbasierte Ansätze. Doch die richtige Reihenfolge, die passende Kombination, das Timing findest du für dich heraus. Auch Dr. Carmen Cramer macht deutlich, dass nicht alle Frauen mit PMDS gleich sind. Es kommt auf verschiedene Faktoren wie die aktuelle Lebenssituation u. v. a. an. Zudem kann PMDS auch in unterschiedlich starken Ausprägungen vorkommen von mild bis sehr stark, was ebenfalls unterschiedliche Behandlungen und Interventionen nötig macht.

Die Behandlung von PMDS funktioniert auf mehreren Ebenen, und oft ist es eine Kombination aus Lösungsansätzen, die den spürbaren Unterschied macht.

A) DIE BASIS: WAS DU SELBST TUN KANNST

Diese Strategien bilden das Fundament. Sie ersetzen andere Behandlungen nicht unbedingt, aber sie unterstützen sie und reichen manchmal auch allein aus, um Beschwerden zu lindern.

1. ZYKLUSTRACKING IST DEIN WICHTIGSTES TOOL

Wir haben es schon im Hinblick auf die Diagnose besprochen, aber es bleibt auch in der Behandlung zentral: das Tracken deines Zyklus. Es hilft dir nicht nur dabei, zu verstehen, wann was passiert, sondern auch dabei, zu beobachten, was funktioniert und was nicht. Mehr dazu findest du in Kapitel 7, in dem ich dir zeige, wie du deinen Zyklus trackst, ohne dass es zur nervenaufreibenden Aufgabe wird.

2. ZYKLISCH LEBEN UND ARBEITEN

Einer der wirksamsten Ansätze ist es, dein Leben im Einklang mit deinem Zyklus zu gestalten, statt gegen ihn zu kämpfen. Das bedeutet: in der ersten Zyklushälfte mehr soziale Termine, in der zweiten mehr Rückzug. In der Follikelphase große Projekte starten, prämenstruell eher abschließen und aufräumen. Klingt utopisch? Ist es manchmal auch. Doch selbst kleine Anpassungen können Riesiges bewirken. In den folgenden Kapiteln erfährst du konkret, wie das im Alltag aussehen kann.

3. ERNÄHRUNG

Über die Ernährung lassen sich Gesundheit und Wohlbefinden stark beeinflussen – kein Wunder, dass sich einige Expert*innen auf diesen Bereich spezialisiert haben. Hinten im Buch findest du Literaturempfehlungen zu zyklusgerechter Ernährung. Bestimmte Nährstoffe können deinen Hormonhaushalt stabilisieren:

Magnesium (z. B. 200–300 mg täglich, häufig in der zweiten Zyklushälfte, abends; z. B. als Magnesiumcitrat) kann Krämpfe und Anspannung reduzieren und wirkt oft beruhigend.
Vitamin B6 (bis zu 100 mg täglich) unterstützt die Serotoninproduktion, kann Symptome wie Reizbarkeit und depressive Verstimmungen lindern. Doch können hohe Dosen auch Nebenwirkungen haben, daher unbedingt nur zeitlich begrenzt und in Rücksprache mit Fachpersonal einnehmen.

Omega-3-Fettsäuren können entzündungshemmend, stimmungsstabilisierend wirken.
Calcium und Vitamin D können PMS/PMDS-Symptome reduzieren.

Diese Nahrungsergänzungsmittel ersetzen keine medizinische Abklärung. Du solltest vorher immer mit deiner Ärztin nach Analyse deines Blutbildes deinen Bedarf abstimmen. Zusätzlich hilfreich: Blutzuckerschwankungen vermeiden durch regelmäßige, proteinreiche Mahlzeiten sowie weniger Koffein und (am besten gar keinen) Alkohol, besonders prämenstruell.

4. BEWEGUNG

Regelmäßige körperliche Aktivität wirkt Wunder und kann über den Zyklus der jeweiligen Phase und Energie angepasst werden. In der Follikelphase darfst du powern, prämenstruell eher sanfte Bewegung wie Spaziergänge, Yoga, Schwimmen. Auch hier, suche nach den kleinen Dingen, die du leicht im Alltag einbauen kannst: Mehr Treppen gehen und häufiger raus an die frische Luft sind schon alltagstaugliche Anfänge.

5. STRESSMANAGEMENT

Chronischer Stress verstärkt PMDS massiv (Stichwort HPA-Achse, siehe Glossar und S. 68). Entspannungstechniken wie Atemübungen, Meditation, progressive Muskelentspannung, Yoga, Walking usw. können Stress reduzieren und deinem Körper helfen, Stresshormone abzubauen. Such dir aus, was zu dir passt, und probiere aus, bis es sich gut für dich anfühlt. Weniger ist mehr und tatsächlich effektiver: Mach lieber täglich 5 Minuten etwas als einmal die Woche eine Stunde (mehr zur Etablierung von neuen kleinen Gewohnheiten im Alltag findest du in Kapitel 7 und konkrete Körperübungen für akuten Stress in Kapitel 6).

6. SCHLAFHYGIENE

Guter Schlaf ist nicht verhandelbar. Prämenstruell brauchst du mehr Schlaf als in anderen Zyklusphasen. Regelmäßige Schlafzeiten, ein dunkles Schlafzimmer, keine Bildschirme vor dem Schlafen, lieber ein Buch zum Runterkommen, du kennst die Klassiker. Sie funktionieren.

B) MEDIKAMENTÖSE BEHANDLUNG: SSRIS

Jetzt kommen wir zu einem Thema, das oft mit Scham, Angst und vor allem total viel Unwissen besetzt ist: Antidepressiva.

SSRIS BEI PMDS: KEIN TEUFELSZEUG, SONDERN EINE WIRKSAME LÖSUNG

SSRIs (deutsch: selektive Serotonin-Wiederaufnahmehemmer) sind bei PMDS oft extrem wirksam, und zwar anders als bei Depressionen. Moderne Psychopharmaka, Antidepressiva und Serotonin-Wiederaufnahmehemmer werden von Fachärzten als wirklich gute Medikamente bezeichnet, die die Persönlichkeit nicht verändern und nicht abhängig machen.[15]
Warum sie bei PMDS helfen: Erinnere dich an die Serotonin-Dysregulation, die wir im Nerdalert besprochen haben. SSRIs erhöhen den verfügbaren Serotoninspiegel im Gehirn, und das stabilisiert die Stimmung, was bei PMDS zu einer viel entspannteren und viel lebenswerteren zweiten Zyklushälfte führt.

Dafür gibt es unterschiedliche Einnahmeoptionen:
Kontinuierlich: täglich über den gesamten Zyklus
In der lutealen Phase: nur in der zweiten Zyklushälfte (ca. 14 Tage vor der Periode)
Symptomatisch: nur an den schlimmsten Tagen (funktioniert nur bei manchen Menschen)

Viele Menschen mit PMDS fühlen sich alle zwei Wochen zwei Wochen lang sehr schlecht. Das ist die Hälfte deines Lebens. Die Hälfte! Wenn ein Medikament dir diese Zeit zurückgeben kann, ist das aus meiner Sicht eine kluge Entscheidung für deine Lebensqualität. Aber am Ende muss jede Person die für sich passende Lösung finden, und das hier ist nur ein Beispiel.
Zu den gängigen SSRIs bei PMDS gehören: Sertralin, Fluoxetin, Escitalopram, Citalopram. Welches für dich passt, findest du gemeinsam mit deinem Arzt oder deiner Ärztin heraus.

C) HORMONELLE BEHANDLUNG: MIT VORSICHT ZU GENIESSEN

Hormonelle Ansätze werden oft als erste Option genannt, dabei sind sie nicht für alle die richtige Wahl. Erinnere dich an Dr. Cramers Erkenntnis, dass nicht unbedingt ein Hormonmangel die Ursache für PMDS sein muss, sondern häufig eher die Hormonschwankungen. Das einfache Hinzufügen von Hormonen reicht also meistens nicht aus.

DIE PILLE

Manche Menschen profitieren von der Pille, weil sie die hormonellen Schwankungen glättet. Wichtig: Nicht jede Pille wirkt gleich. Manche enthalten Drospirenon (z. B. Yasmin, Yaz), das zusätzlich entwässernd wirkt und bei manchen Menschen PMDS-Symptome lindert. Eine Einnahme im Langzyklus (also ohne Pillenpause) kann helfen, weil so die Entzugsblutung in der Einnahmepause und der damit verbundene Hormonabfall wegfallen.

DIE PROGESTERON-FALLE

Viele Ärzt*innen verschreiben bei PMDS zusätzliches Progesteron in Form von Cremes, Kapseln oder als Teil der Pille. Bei sehr vielen Menschen mit PMDS verschlimmert das die Symptome allerdings massiv.[16]

Warum? Das liegt am Allopregnanolon, dem Abbauprodukt von Progesteron. Mehr Progesteron bedeutet mehr Allopregnanolon, und das kann das GABA-System noch mehr durcheinanderbringen. Das weiß ich aus meiner eigenen Erfahrung und aus vielen Gesprächen mit Betroffenen, die damit nicht gut gefahren sind. Das muss jedoch nicht heißen, dass es auch bei dir so sein wird.

GNRH-ANALOGA (NUR BEI SCHWERSTEN FÄLLEN)

In extremen Fällen können GnRH-Analoga eingesetzt werden, die die Eierstockfunktion komplett unterdrücken und so eine künstliche Menopause herbeiführen. Diese Option kommt nur infrage, wenn wirklich nichts anderes hilft. Die Nebenwirkungen (Hitzewallungen, Knochendichteverlust etc.) sind nicht ohne, weshalb oft zusätzlich niedrig dosierte Hormone gegeben werden («Add-Back-Therapie»).

D) PSYCHOTHERAPIE UND WEITERE ANSÄTZE

KOGNITIVE VERHALTENSTHERAPIE (KVT)

KVT kann helfen, mit den emotionalen Symptomen besser umzugehen – negative Gedankenmuster zu erkennen und zu verändern sowie Bewältigungsstrategien zu entwickeln. Sie heilt nicht die PMDS, aber sie gibt dir Tools für den Umgang damit. Oftmals ist sie besonders wirksam in Kombination mit der Einnahme von SSRIs, weil diese uns in die Lage versetzen, überhaupt auf einem emotionalen Plateau anzukommen und die Dinge, die man in der Verhaltenstherapie lernt, anwenden zu können.

TRAUMATHERAPIE

Wie erwähnt können posttraumatische Belastungsstörungen und PMDS zusammenhängen. Wenn du ein Trauma in deiner Geschichte hast, kann dessen Bearbeitung auch die PMDS-Symptome lindern. EMDR, Somatic Experiencing oder andere traumafokussierte Ansätze können hier wertvoll sein.

KÖRPERTHERAPIEN

Yoga (besonders Yin Yoga oder restorative Yoga), Breathwork, Akupunktur und Massagen können unterstützend wirken. Die Nachweisbarkeit ist hier teilweise dünn, aber die Erfahrungsberichte sind oft positiv. Probier aus, was dir guttut.

WAS IST MIT LICHTTHERAPIE UND SUPPLEMENTS WIE MÖNCHSPFEFFER ODER CBD?

Es gibt viele weitere Ansätze, die diskutiert werden:

Mönchspfeffer (Agnus castus): Manche schwören drauf, doch die Studienlage ist durchwachsen.

CBD: kann bei Ängstlichkeit und Schlafstörungen helfen, aktuelle Studien habe ich dazu nicht gefunden.
Lichttherapie: bei saisonal verstärkten Symptomen einen Versuch wert.

Die Liste ließe sich fortsetzen. Für eine umfassende Übersicht aller Behandlungsoptionen mit detaillierten Studien empfehle ich dir das Buch «PMDS als Herausforderung» von Dr. Almut Dorn, Dr. med. Anneliese Schwenkhagen und Prof. Dr. med. Anke Rohde. Dort findest du alle Ansätze noch einmal ausführlich erklärt und aus der klinischen Praxis heraus beschrieben.

DEIN INDIVIDUELLER PLAN: WO FÄNGST DU AN?

Hier ein möglicher Stufenplan:

Stufe 1: Basis schaffen

- Zyklustracking starten (mind. 2 bis 3 Zyklen)
- Ernährung optimieren (weniger Zucker, weniger Koffein, proteinreich und abwechslungsreich essen)
- Schlafhygiene verbessern (regelmäßige Bettzeiten, kein Scrollen und Wachliegen im Bett, Rituale zum Runterkommen vor dem Schlafengehen etablieren)
- Stressmanagement etablieren (Zyklustracking kann hilfreich sein, um zu identifizieren, was dich am meisten stresst und wann, Tools findest du in Kapitel 5, 7 und 10)
- Mehr Bewegung in deinen Alltag integrieren (mach die Bewegung, die dir Spaß macht, so fällt es leichter, wirklich dranzubleiben)
- Dieses Buch hier weiterlesen ;-)

Stufe 2: Wenn die Basis nicht reicht

- Ausschluss diverser anderer Ursachen für deine heftigen Stimmungsschwankungen, am besten bei der gynäkologischen Endokrinologie. Dort wird zur Analyse und Diagnose in der Regel ein umfassendes Bild deiner Hormone über den gesamten Zyklus hinweg erstellt (das bedeutet, bis zu 5 x zur Blutabnahme zu gehen).
- Dich im Gespräch mit deiner Ärzt*in über SSRIs (Antidepressiva) und weitere medikamentöse Optionen austauschen

Stufe 3: Wenn es schwer bleibt

- Psychotherapie ist generell eine gute Idee, wenn du mit schwerer PMDS zu tun hast, und sie wirkt besonders gut in Kombination mit Medikamenten. Vor allem in der Verhaltenstherapie lernst du viel über den konkreten Umgang mit deinen Emotionen, was im Alltag superhilfreich ist.
- Eventuell traumafokussierte Ansätze ausprobieren
- Bei schwersten Fällen: GnRH-Analoga

Bitte denk daran: Ich bin keine Ärztin, dieses Buch ersetzt keine ärztliche Behandlung. Meine Angaben sind sorgfältig zusammengestellt, aber trotzdem ohne Gewähr. Der Weg zur Besserung ist nicht linear. Manche fangen direkt mit Antidepressiva an, weil der Leidensdruck so hoch ist, und das ist völlig okay. Andere probieren jahrelang alles Mögliche, bevor sie Medikamente nehmen, auch das ist okay.

FORSCHUNG UND HOFFNUNG: ES TUT SICH WAS

Die PMDS-Forschung macht Fortschritte. Dr. Dorn erklärt: «Im Moment ist der Finger in der Wunde. Es gibt eine Entwicklung dahin, dass wir spezifischer hinschauen, dass Frauen sich das auch selbst erkämpfen, sich sichtbar machen mit diesen Themen. Es wird viel im MRT geforscht, um zu schauen, welche Gehirnareale springen bei welchen Themen und auf welche Therapien an», berichtet sie. «Im Moment ist es aber ehrlicherweise noch ein Puzzle.»

Das bedeutet: Wir verstehen noch nicht alles. Aber wir verstehen mehr als noch vor zehn Jahren. Und in zehn Jahren werden wir noch mehr wissen. Du bist nicht allein mit dieser Diagnose, und die Forschung arbeitet daran, bessere Lösungen zu finden.

Du musst nicht alles auf einmal machen. Aber du kannst heute mit einer kleinen Sache anfangen:

Dein Zyklustracking starten (mehr dazu in Kapitel 7, du kannst jeden Tag damit beginnen und musst nicht auf deinen nächsten Tag 1 mit der Blutung warten),

ein Gespräch mit deiner Ärztin / deinem Arzt vereinbaren und deine Tracking-Daten mitbringen,

einen Behandlungsansatz wählen und ihm mindestens 2 bis 3 Zyklen Zeit geben,

weiter in diesem Buch lesen. Die kommenden Kapitel geben dir konkrete Tools für ein zyklisches Leben.

Und vor allem: Sei geduldig mit dir. Du bist die Expertin deines Körpers, und deine Expertise darf sich über die Zeit aufbauen. Du wirst deinen Weg finden.

5.
VIER PHASEN, VIER JAHRESZEITEN – VERSCHIEDENE MODELLE FÜR DEN ZYKLUS

Was ist eigentlich ein Modell, und warum solltest du dir eins für deinen Zyklus aussuchen?

Ein Modell ist eine vereinfachte Darstellung der Realität. Es nimmt etwas Komplexes und macht es greifbar. Ich mag Modelle. Sie geben mir Ordnung, Struktur und schaffen eine Sprache für Dinge, für die es vorher nur ein diffuses Gefühl gab. Sie können dabei helfen, dir deine eigene Wettervorhersage für den Zyklus und deine damit verbundenen Stimmungen zu geben.

Was für eine Erleichterung es für Mario und mich war, als endlich klar wurde, dass meine krassen Beschwerden mit meinem Zyklus zusammenhängen. Und als das Modell der vier Jahreszeiten im Zyklus uns eine Sprache gab, mit der wir viel besser darüber reden konnten. Endlich hatten wir Antworten und eine gemeinsame Sprache dafür gefunden. Doch ein Modell bildet nie die vollständige Wahrheit ab, sondern ist ein Werkzeug, eine Landkarte, ein Angebot zur Orientierung. Es hilft dir, mit anderen zu reden und verständlich zu machen, was du im Zyklus fühlst. Es ist keinesfalls eine Schablone, in die du dich reinpressen sollst.

Ein Beispiel: Wie oft habe ich mich fertiggemacht, weil ich im zyklischen Frühling nicht diese Good Vibes gespürt habe und eher ängstlich war! Weil ich im zyklischen Sommer eher chillen und Sommerpause machen wollte, als voller Power in die Produktivität zu gehen.

Also vergiss in deinem Prozess nicht, dass Modelle Angebote für Ordnung, Verständnis, Orientierung sind. Nicht das echte Leben. Nicht unsere tatsächliche gelebte (chaotische) Erfahrung.

Die Gründerinnen der Red School in Großbritannien haben eine ganz wichtige Regel, die auch ich in meiner Ausbildung als Zyklus-Coachin gelernt habe: the Big Red Rule, und sie lautet:

> «Your experience trumps everything.»
> («Deine Erfahrung steht über allem.»)

Wenn du also merkst, dass deine Erfahrung in einer Zyklusphase von einem der Modelle abweicht, mach dich deswegen nicht fertig. Wenn das so ist, erinnere dich daran: Du hast nichts falsch gemacht. Du bist nicht falsch. Vielleicht passt das Modell gerade einfach nicht zu dir, oder du brauchst mehrere, je nach Phase, Lebenssituation, Typ.
Pick what you need. Make it work for you. Du darfst mischen, kombinieren, umdeuten. Nutze sie so, dass sie FÜR dich arbeiten, dir dienen, dir helfen. Nicht andersherum.
Uns an etwas anzupassen, was uns nicht passt und nicht guttut – diese Zeiten sind vorbei! We don't do this anymore.
In diesem Kapitel stelle ich dir ein paar Modelle vor, die ich selbst ausprobiert habe und gut finde und aus denen ich mein eigenes Modell entwickelt habe.
Du bist nicht inkonsistent, sondern zyklisch.

MODELLE FÜR DEN ZYKLUS

DAS JAHRESZEITENMODELL DER RED SCHOOL

Idee: Zyklus als innere vier Jahreszeiten (Winter, Frühling, Herbst, Sommer)
Gut für: Menschen mit Zugang zu Naturbildern und Metaphern

Das Jahreszeitenmodell der Red School war das erste Zyklusmodell, das ich kennengelernt habe, und es hat mir enorm geholfen, ein erstes Bild davon zu bekommen, was während meines Zyklus passiert. Ich erinnere mich noch gut, wie sehr ich beim Lesen innerlich genickt habe, insbesondere beim inneren Herbst. Ich konnte so vieles auf einmal verstehen und einordnen: die Rückzugstendenzen, das Bedürfnis nach Klarheit, meine Wut und Unzufriedenheit, die plötzliche Lust, alles zu hinterfragen und neu zu sortieren. Auch der Begriff und die Arbeit mit der inneren Kritikerin hat mir in dieser Phase sehr geholfen. Zum Beispiel zu verstehen, dass die innere Kritikerin im zyklischen Herbst zu Hause ist und es darum geht, zu lernen, ihre Botschaften zu hören, ohne uns von ihr fertigmachen zu lassen.

Das Jahreszeitenmodell habe ich dir am Anfang des Buches schon einmal kurz vorgestellt. Es teilt den Zyklus in vier Phasen ein, angelehnt an die vier Jahreszeiten: Der innere Winter steht für die Menstruation, eine Phase des Rückzugs, der Intuition, der inneren Verbindung. Viele Menschen erleben in dieser Phase mehr Zugang zur eigenen inneren Stimme, wenn sie sich die Zeit und den Raum dafür nehmen können.

Der innere Frühling ist die Phase nach der Menstruation, in der der Östrogenspiegel steigt. Energie und Kreativität nehmen zu. Es ist eine Zeit des Neuanfangs, der Aufbruchsstimmung, manchmal auch der Unsicherheit. Viele erleben sich in dieser Phase verspielt, neugierig, offen, aber auch sensibel oder noch ein wenig wackelig.

Der innere Sommer entspricht der Ovulationsphase. Die Energie ist nach außen gerichtet, kommunikativ, fürsorglich. Viele erleben sich in dieser Zeit sehr verbunden mit anderen, leistungsfähig, selbstbewusst und voller Lust. Gleichzeitig kann diese Phase auch überfordernd wirken, besonders wenn

zu viel im Außen passiert oder der eigene Rhythmus nicht beachtet wird.
Der innere Herbst schließlich ist die prämenstruelle Phase. Eine Zeit des Klarsehens, der Rückschau, des Ausmistens. Viele Menschen erleben sich in dieser Phase als sehr kritisch, sowohl sich selbst als auch anderen gegenüber. Sie kann herausfordernd sein, aber auch sehr kraftvoll, wenn man ihr Raum gibt.

WAS DAS MODELL STARK MACHT

Die große Stärke des Jahreszeitenmodells liegt in seiner emotionalen Zugänglichkeit. Es arbeitet mit Bildern aus der Natur, die für viele Menschen gut nachvollziehbar und vertraut sind. Das macht es zu einem wunderbaren Einstieg in das Thema Zyklusachtsamkeit – gerade für Menschen, die sich erst einmal annähern und «spüren lernen» wollen. Die Metaphern sind poetisch, warm und laden dazu ein, den eigenen Zyklus als etwas Natürliches, Zyklisches, Lebendiges zu begreifen.
Außerdem bietet das Modell eine leicht verständliche gemeinsame Sprache, und das ist für alle Beziehungen, die wir führen, Gold wert.
Besonders hilfreich finde ich innerhalb der Jahreszeiten das Konzept der «Joys and Shadows». Es zeigt, dass jede Phase ihre Geschenke und Herausforderungen mitbringt – und dass beides nebeneinander existieren kann. Früher habe ich versucht, in bestimmten Phasen nur das Positive zu sehen («Ich müsste jetzt doch total kreativ sein»), und mich dann gewundert, warum ich mich gleichzeitig überfordert fühle. Heute weiß ich: Die kreative Energie des inneren Frühlings kann eben auch mit Unsicherheit einhergehen. Und der klare Blick des inneren Herbstes bringt nicht nur Struktur, sondern auch die Gefahr, in Selbstkritik zu kippen. Diese Ambivalen-

zen wahrzunehmen, hat mir geholfen, mich selbst nicht mehr so schnell zu verurteilen.

WO DAS MODELL AN SEINE GRENZEN STÖSST

Gleichzeitig habe ich gemerkt, dass das Modell für mich nicht immer alltagstauglich war. Es war mir an manchen Stellen zu romantisierend, zu blumig, zu weichgezeichnet. Manchmal habe ich mich gefragt, ob ich etwas falsch mache, wenn mein innerer Frühling sich gar nicht so leicht und freudig anfühlt, wie er «sollte».

Ein weiterer Kritikpunkt: Das Jahreszeitenmodell funktioniert vor allem in der nördlichen Hemisphäre und für Menschen, die in gemäßigten Klimazonen leben. Nicht jede Person denkt gerne in Wetter, und für Menschen in tropischen, arktischen oder äquatorialen Regionen passen die Metaphern oft nicht. Das macht das Modell weniger universell.

Für eine zyklische Selbstführung im Arbeitsalltag fehlte mir bei diesem Modell außerdem oft die Klarheit und Struktur. Es ist wunderbar für die emotionale Annäherung, für das Spüren und Erkennen der verschiedenen Energien und Qualitäten, aber wenn es darum geht, konkrete Projekte zu planen, Deadlines zu setzen oder im Business-Kontext zu kommunizieren, braucht es manchmal präzisere Werkzeuge.

ZU WEM PASST DAS MODELL?

Das Jahreszeitenmodell eignet sich besonders für Menschen, die einen ersten Zugang zu ihrem Zyklus suchen, die gerne in Bildern denken und die eine emotionale, poetische Sprache schätzen. Es ist ein wunderbarer Einstieg, um überhaupt erst einmal ein Gefühl dafür zu entwickeln, dass der Zyklus nicht linear verläuft, sondern phasenhaft und dass jede Phase ihre eigene Energie mitbringt.

Das Modell funktioniert besonders gut für Paare und Familien auf der Nordhalbkugel, weil alle Menschen eine gelebte Erfahrung mit den Jahreszeiten verbinden. Wenn ich sage: «Ich bin gerade im inneren Herbst», kann mein Partner sofort etwas damit anfangen, denn er kennt die Energie des Herbstes, das Zurückziehen, das Aufräumen, die Klarheit, aber auch die Melancholie, die uns in dieser Zeit manchmal überkommt. Diese gemeinsame Sprache schafft Verständnis und macht es leichter, über die eigenen Bedürfnisse zu sprechen, ohne lange erklären zu müssen.

Inzwischen nutze ich das Modell eher als Reflexionshilfe denn als konkrete Struktur und kombiniere es mit anderen Modellen oder Ansätzen, die für mich strukturierter und alltagsnäher sind. Aber als Einstieg, als emotionale Landkarte und vor allem gemeinsame Sprache? Unschlagbar.

Wenn du mehr zu dem Modell erfahren willst, kann ich dir das Buch «Wild Power» von Alexandra Pope und Sjanie Hugo Wurlitzer empfehlen oder auch das Buch «Superpower Periode» von Maisie Hill. Sie arbeitet darin ebenfalls mit dem Jahreszeitenmodell.

DREAM, DO, GIVE, TAKE – DAS MODELL VON LUCY PEACH

Idee: Zyklus als Energie- und Kreativitätsfluss mit klarem Fokus auf das Geben und Nehmen

Gut für: künstlerische / kreative Typen, Menschen mit Care-Arbeit und alle, die lernen wollen, auch zu nehmen und nicht nur zu geben

Das Modell von Lucy Peach hat mich besonders gepackt, weil es eine Sache anspricht, die in vielen anderen Modellen zu kurz kommt: das Nehmen. Wir Frauen*, wir menstruierenden Menschen, wir geben so viel. Die ganze Zeit. Care-Arbeit, emotionale Arbeit, Mental Load und für andere da sein. Aber wie geht das eigentlich, zu nehmen? Was bedeutet das überhaupt? Darf ich das? Ich rede hier nicht von Eso-Gelaber mit männlicher und weiblicher Energie, sondern von einer echten Balance, einem Ausgleich, der stattfinden muss, damit wir kraftvoll und zufrieden durchs Leben gehen können.
Lucy Peach teilt den Zyklus in vier Phasen ein: Dream, Do, Give, Take. Jede Phase ist mit bestimmten Kräften, Bedürfnissen und Potenzialen verbunden, die sich im Verlauf des Zyklus entfalten.
Dream (Träumen): Die Dream-Phase beginnt mit der Menstruation. Sie steht für einen bewussten Rückzug und das Hinwenden zur eigenen Innenwelt. Es ist die Zeit, in der die Energie am niedrigsten ist, eine Einladung zur Stille, zum Innehalten und zum Träumen. In dieser Phase können alte Themen losgelassen und neue Impulse im Inneren gesät werden. Wer sich Raum gibt, findet in der Dream-Phase Zugang zu tiefen Einsichten, Intuition und Visionen für den kommenden Zyklus.
Do (Tun): Mit dem Ende der Menstruation beginnt die Do-Phase. Die Energie steigt an, wir öffnen uns wieder für die Welt, und das Bedürfnis, aktiv und kreativ zu werden, nimmt zu. Die nach innen gerichteten Träume können jetzt in konkretes Handeln übersetzt werden. Projekte anstoßen, Neues ausprobieren, Pläne schmieden: In dieser Zeit fällt es vielen leicht, fokussiert zu arbeiten und Dinge anzupacken. Die Do-Phase lädt dazu ein, eigenen Ideen Taten folgen zu lassen und die gewonnene Energie zu nutzen.

Give (Geben): In der Give-Phase, rund um die Ovulation und Zyklusmitte, erreicht die Verbindung zu anderen ihren Höhepunkt. Die Energie ist stark nach außen gerichtet, Offenheit und Empathie stehen im Mittelpunkt. Das Bedürfnis, sich einzubringen oder Fürsorge zu geben, wächst. Kommunikation fällt oft besonders leicht, ebenso fällt es leichter, Unterstützung zu schenken oder gemeinsam etwas zu erreichen. Gleichzeitig ist es eine Zeit, um Wertschätzung und Nähe mit anderen und sich selbst zu teilen.
Take (Nehmen): In der Take-Phase, der Zeit nach dem Eisprung bis vor der Menstruation, geht es um das bewusste Wahrnehmen eigener Bedürfnisse. Die Energie zieht sich wieder mehr nach innen. Statt zu geben, liegt der Fokus jetzt darauf, sich selbst Raum zu nehmen für Erholung, Selbstfürsorge oder klare Grenzen. Es ist die Phase, um sich das zu nehmen, was gebraucht wird, sei es Ruhe, Entlastung oder einfach Zeit für sich. Eine Phase, in der wir auch sehr kreativ werden können, wenn wir uns den Raum dafür nehmen. Wer den «Take» anerkennt, kann diese Phase als erdend, klar und klärend erleben.

WAS DAS MODELL STARK MACHT

Die besondere Kraft dieses Modells liegt im expliziten Fokus auf das Nehmen, das ich als revolutionär empfinde. In einer Gesellschaft, in der viele menstruierende Menschen (insbesondere Frauen) sozialisiert werden, sich selbst zugunsten anderer zurückzustellen und zu funktionieren, ist dieser Aspekt ein wichtiger Schlüssel für Wohlbefinden. Das explizite Ermutigen, sich in der Take-Phase Raum und Bedürfnisse zuzugestehen, wirkt transformierend. Es unterstützt darin, Grenzen zu setzen, Energie zu bewahren und prämenstrueller Wut präventiv zu begegnen.

Anders als das Jahreszeitenmodell arbeitet Lucy Peachs Ansatz nicht mit Naturbildern, sondern ist fokussiert auf die innere Dynamik und die Potenziale jedes Zyklusabschnitts. Das macht ihr Modell universeller und für Menschen auf der ganzen Welt, unabhängig von Klima oder Tradition, anschlussfähig. Die vier Begriffe Dream, Do, Give und Take beschreiben direkt und zugänglich die Hauptqualitäten der jeweiligen Zyklusphase. Sie sprechen emotionale, soziale und energetische Aspekte an, die überall nachvollziehbar sind.
Besonders mag ich den positiven, empowernden Blick auf den Zyklus: Statt den Fokus auf Schwankungen, Schwächen oder Beschwerden zu legen, hebt Peach die jeweiligen Superkräfte jeder Phase hervor. Es geht darum, eigene Ressourcen und Bedürfnisse zu erkennen und selbstbewusst zu leben.

WO DAS MODELL AN SEINE GRENZEN STÖSST

Ich habe an dem Modell wenig auszusetzen, einzig, dass es – wie alle Modelle – auch zur Peitsche werden kann, wenn man sich daran misst: «Moment, meine Blutung fühlt sich überhaupt nicht dreamy an, ich bin erschöpft und gestresst.» Oder: «Ich schaffe in der Do-Phase gar nicht so viel, wie ich sollte.» Ich kenne einige Menstruierende, die in der Blutung sehr kraftvoll Dinge kreieren und eher prämenstruell ruhen, also genau andersherum als im Modell beschrieben. Wir erinnern uns an die Big Red Rule: Deine Erfahrung steht über allem. Das Modell ist ein Angebot, keine Schablone, in die du dich reinquetschen musst.

ZU WEM PASST DAS MODELL?

Das Modell eignet sich besonders für künstlerisch und kreativ arbeitende Menschen, für Menschen mit viel Care-Arbeit im Alltag und für alle, die lernen wollen, besser für sich selbst zu sorgen, und üben wollen zu nehmen, statt immer nur zu geben. Es ist universell einsetzbar, kulturell anschlussfähig und bietet eine klare, direkte Sprache ohne romantisierende Metaphern.

Lucy Peachs Ansatz ist nicht nur ein Werkzeug für die Orientierung im «Wie fühle ich mich heute?», sondern ein Instrument für langfristige Selbstfürsorge, Selbstermächtigung und gesellschaftlichen Wandel. Es lädt ein, Menstruation und Zyklus als individuelle Kraftquellen zu begreifen, statt sie als Störfaktor oder Bürde zu sehen. Genau das macht ihren Ansatz so wertvoll, unabhängig von Kultur, Herkunft oder Jahreszeiten.

Lust auf mehr, dann empfehle ich dir ihr Buch «Period Queen». Bisher ist es nur auf Englisch verfügbar.

ZYKLISCHE SELBSTFÜRSORGE: DAS 5-PHASEN-MODELL FÜR MENTALE GESUNDHEIT, BEZIEHUNGEN UND ARBEIT VON FRANZI RUHNAU

Idee: Zyklus als Kompass für mentale Gesundheit, Liebe, Beziehungen und Arbeit. Konkret und nahbar

Gut für: Menschen mit starken mentalen Herausforderungen (PMS, PMDS), alle, die ganzheitlich und ohne Bullshit zyklusachtsam ihren Alltag gestalten wollen, Business Owners, Menschen, die sich für Energiemanagement interessieren

Ich war irgendwann müde davon, mich durch Zyklusratgeber zu wühlen, die mir erklärten, wie ich während des Eisprungs bitte schön strahlen und performen soll, während ich in Wahrheit lieber die Vorhänge zuziehen und niemandem antworten wollte. Die Modelle waren inspirierend. Aber sie halfen mir nicht dabei, meinen Google-Kalender zu planen. Oder zu verstehen, warum ich nach PMDS und Blutung all meine Energie im zyklischen Frühling und Sommer verpulverte und mich am Ende trotzdem erschöpft fühlte.

WAS MIR GEFEHLT HAT: EIN MODELL FÜR DEN ECHTEN ALLTAG

Ich wollte ein Modell, das sich nicht nur gut anfühlt, sondern sich in meinen Alltag übersetzen lässt – den Alltag einer Angestellten und Selbstständigen, die ein reges soziales Leben hat und auch noch zum Sport gehen will. Eins, das auch dann funktioniert, wenn der Google-Kalender voll ist. Wenn PMS reinkickt. Wenn Fristen Druck machen. Ein Modell, das mir hilft, mit dem zu arbeiten, was eh schon da ist – statt mir eine Idealversion meiner selbst zu zeichnen, die ich weder erreichen kann noch will. Ich muss Geld verdienen, arbeiten gehen. Ich kann nicht hier und da einfach spontan verreisen oder mir freinehmen. Und das ist die Realität der meisten Menstruierenden. Für viele kommen noch Kinder hinzu oder auch Jobs, die körperlich sind und noch viel weniger Spielraum als ein Bürojob bieten.

Es reicht nicht, nur den Zyklus zu verstehen – wir müssen auch lernen, wie wir damit leben und planen können.

Mein Modell vereint viele Elemente aus anderen Modellen – vor allem aus der Arbeit von der Red School, von Maisie Hill, Lucy Peach und Claire Baker. Ohne die Arbeit meiner Vorgängerinnen hätte ich es in dieser Form nicht zusammenfügen können. Ich stehe auf den Schultern von Gigantinnen und bin ihnen so dankbar für ihre Arbeit, die mein Leben schon so stark verändert, ja gerettet hat.

Was ich anders gemacht habe? Ich habe die Ideen so zusammengefügt, dass wir stärker in einem durchschnittlichen Alltag mit Job, Kindern und vollem Kalender landen. Meine jahrelange Erfahrung und der klare Fokus auf Selbstfürsorge runden das Modell ab.

Mein Modell hilft dir, deine mentale Gesundheit im Zyklus zu schützen, indem es dir zeigt:

- wie du deine Energie über den Zyklus verteilst (statt sie in den 2 «guten» Wochen zu verpulvern),
- wie du deinen Kalender zyklusgerecht gestaltest, mit Tools, die im echten Leben funktionieren,
- wie du in jeder Phase gut für dich sorgst – für deine mentale Gesundheit, in Beziehungen und bei der Arbeit,
- wie du durch die schwierigen Phasen navigierst, ohne auszubrennen oder zu explodieren.

Auch hier gibt es kein perfektes System, sondern Anregungen für eine lebendige Beziehung mit deinem Körper, deinem persönlichen Kalender und dir selbst.

Ich nutze dieses Modell in der Arbeit mit Klient*innen, in Workshops – und natürlich auch für mich selbst, um Overload zu vermeiden. Es hilft mir, leichter Nein zu sagen, mich weniger zu verzetteln, mehr von meiner Energie zu haben und den richtigen Moment zu erwischen, um die Ideen umzusetzen, die mir wirklich wichtig sind.

DAS MODELL ARBEITET AUF DREI EBENEN, DIE MITEINANDER VERBUNDEN SIND

Ebene 1: Selbstfürsorge (die Basis): Wie sorgst du für dich selbst? Wie gehst du mit deiner Energie um? Was brauchst du, um in deiner Kraft zu bleiben?
Ebene 2: Beziehungen: Wie bist du mit anderen in Verbindung? Wie kommunizierst du deine Grenzen? Wie bleibst du authentisch UND verbunden?
Ebene 3: Arbeit / Alltag: Wie organisierst du deine To-dos? Wie navigierst du Deadlines? Wie schaffst du es, produktiv zu sein, ohne auszubrennen?
Ebene 1, die Selbstfürsorge, ist die Basis und Voraussetzung für alle anderen Ebenen. Das klingt so ausgelutscht, aber es ist halt wahr: Es beginnt immer mit dir. Je besser du in Beziehung zu dir stehst und für dich sorgen kannst, desto leichter und klarer wird es auch in Beziehung mit anderen und im Arbeitskontext, selbstfürsorglich zu bleiben.
Wenn du auf Ebene 1 nicht für dich sorgst, klappt es auch auf Ebene 2 und 3 in der Regel nicht so gut. Wenn dein Akku leer ist, bist du in Beziehungen dünnhäutig und bei der Arbeit ineffizient. Wenn du deine Grenzen nicht kennst, sagst du zu allem Ja und brennst aus. Selbstfürsorge ist nicht egoistisch. Sie ist die Grundlage für alles andere.
Drei Ebenen, drei Leitfragen begleiten uns durch das Modell:

- Was brauchst DU in dieser Phase?
- Wie kannst du in Beziehungen bleiben, ohne dich zu verbiegen?
- Wie organisierst du Arbeit und Alltag, ohne dich zu verausgaben?

Mein Modell besteht aus fünf Phasen, ganz simpel angelehnt an die vier Phasen des Menstruationszyklus, die wir in Kapitel 3 kennengelernt haben, und noch einer fünften Phase – the Pressure Cooker, speziell für meine PMS/PMDS Buddies. Wir haben also: die Menstruation, die Follikelphase, die Ovulation, die Lutealphase, the Pressure Cooker.

FÜR WEN IST DIESES MODELL?

Dieses Modell ist für dich, wenn:

- du einen vollen Alltag hast – Job, Familie, soziales Leben, To-dos,
- du nicht einfach alles hinschmeißen und «zyklisch leben» kannst (weil: Realität),
- du deine Energie über den ganzen Zyklus besser einteilen willst,
- du nach PMDS/PMS nicht komplett ausgebrannt sein willst,
- du ein Modell brauchst, das in deinen Kalender und in Projektpläne passt,
- du deinen Liebsten (oder anderen Menschen in deinem Leben) besser kommunizieren willst, was mit dir los ist (und dich nicht jeden Monat so schlimm streiten möchtest).

Kurz: wenn du ein Modell für den echten Alltag brauchst, nicht für die (unerreichbare) Idealversion deines Lebens.
Die Essenz meines Modells: Work smarter, not harder. Für mehr Power und weniger Stress.

1. MENSTRUATION: INTUITION, INNERE WEISHEIT, AUSRUHEN

ZYKLUSTAG 1 – 7

Take a fucking break!

Während der Menstruation sind Östrogen und Progesteron im Keller. Dein Nervensystem hat eine Chance auf Regeneration, wenn du es zulässt. Das Default Mode Network im Gehirn ist hochaktiv, was tiefe Reflexion und Selbstbezug ermöglicht. Dein präfrontaler Kortex arbeitet anders als sonst: Er ist weniger auf äußere Reize fokussiert und mehr nach innen gerichtet. Die Gebärmutterschleimhaut wird abgestoßen, was einen enormen Energieaufwand bedeutet. Gleichzeitig findet eine Art «neuronales Aufräumen» statt.
In dieser Phase darf alles runtergefahren, losgelassen, die Konzentration auf das Wesentliche gelegt werden. Was ist die Essenz, worum geht es mir wirklich (im Leben)?

Diese Phase ist die Akkuladestation für den Rest deines Zyklus.

Wie wir hier mit uns selbst und unseren Bedürfnissen umgehen, zeigt sich im Rest des Zyklus. Unsere Energie im gesamten Zyklus spiegelt oft wider, wie gut wir uns während der Blutung erholt haben. Auch die Intensität der Symptome in der prämenstruellen Phase können davon beeinflusst sein, wie wir während der Blutung für uns gesorgt haben.
Es ist die ideale Zeit, um innezuhalten und mit dir einzuchecken. Du ziehst dich zurück – innerlich oder äußerlich – und sortierst aus: Was war gut? Was darf gehen? Wie kann ich jetzt

am besten für mich sorgen? Wir haben in dieser Zeit eine sehr gute Verbindung zu unseren Kernwerten, zu unserer Essenz, weil alle potenziellen (hormonellen) Ablenkungen wegfallen. Das heißt aber nicht, dass, wenn du jetzt traurig bist, dein Kern einfach traurig ist. Hier ist vielleicht eher die Frage: Was will deine Traurigkeit dir mitteilen? Und bitte denk dran, sie kann auch einfach von dem krassen Low der Hormone kommen und keine tiefere Bedeutung haben.
Im Rückzug können wir unsere innere Stimme besser hören. Und das ist die Power, die wir nutzen können, um uns mit unseren Werten und unserer Vision zu verbinden und zu schauen, ob wir noch auf dem für uns richtigen Weg sind und was wir uns selbst zu bestimmten (kleinen und großen) Lebensfragen und anstehenden Entscheidungen zu sagen haben.
Wir können hier lernen, den Rückzug zu genießen und zuzulassen, weil wir wissen: Es ist nur eine Phase, Hase. Wir verpassen nichts, weil unsere sprudelnde Energie, die Bock auf Socializen hat, ja schon bald wiederkommt.

TYPISCHE QUALITÄTEN DER MENSTRUATIONSPHASE

- Klarheit & Intuition. Du hast eine tiefe Verbindung zur inneren Stimme
- Innenschau: Dein Fokus ist nach innen gerichtet
- Starke Verbindung mit dir selbst und deinen Werten
- Rückzugsbedürfnis
- Weniger soziale Energie. Keine Lust auf Menschen oder Pläne ist hier ganz normal

TYPISCHE HERAUSFORDERUNGEN DER MENSTRUATIONSPHASE

Diese Phase kann sich anfühlen wie ein emotionales Minenfeld. Du bist vielleicht:

- dünnhäutig – alles fühlt sich zu viel an
- träge & müde – selbst kleine Aufgaben erscheinen unglaublich anstrengend
- verletzlich – alte Wunden können aufbrechen
- isoliert – das Rückzugsbedürfnis kann in Einsamkeit kippen

Das ist okay. Diese Schatten gehören dazu. Sie zeigen dir, wo du besonders achtsam mit dir sein darfst. Wenn du merkst, dass du in die Isolation rutschst, erinnere dich: Rückzug ja, komplette Abschottung nein. Ein kurzer Text an eine vertraute Person kann schon helfen, dich weniger einsam zu fühlen. Liebevolle Akzeptanz und Selbstmitgefühl für deinen Zustand wirken ebenfalls wahre Wunder. Du darfst in diesen Momenten einfach lieb mit dir sein und musst nicht versuchen, etwas oder jemand anders zu sein.

SELBSTFÜRSORGE IN DER MENSTRUATIONSPHASE – WAS BRAUCHST DU?

- Mach's dir gemütlich und zelebriere bequeme Kleidung, weiche Unterlagen und deine Wärmflasche.
- Journaling & Meditation helfen dir, wahrzunehmen, was in dir los ist.
- «Wie geht's mir wirklich, und was brauche ich heute?» Nimm deine Gefühle und Bedürfnisse ernst, das tut gut. Wenn du dir nur 1 % von dem, was du brauchst, an dem Tag geben kannst, verändert sich etwas in dir.
- Du darfst dich weich betten und auch emotional und

körperlich schonen, verlange nicht zu viel von dir, gib nach, leg dich hin. Und wenn es nur fünf Minuten auf deinem Wohnzimmerteppich sind.
- Nimm dir mehr Zeit für alles, sei eine Schnecke.
- Es kann sehr guttun, Reize zu reduzieren (Digital Detox, weniger Social Media, Noise-Cancelling-Kopfhörer).
- Sanfte Bewegung kann dir ebenfalls guttun (Yin Yoga, Spazieren, Stretchen).
- Warmes Essen unterstützt deinen Körper (leicht verdauliche Speisen, Suppen, heißer Tee).

Die Menstruation ist nicht die Zeit, um durchzupowern. Es ist die Zeit, um deine Akkus aufzuladen. Gemütlichkeit ist jetzt kein Luxus, sondern Notwendigkeit. Bequeme Klamotten, Wärmflasche, weiche Unterlagen, was immer das für dich ausmacht, dich rundum gemütlich zu fühlen, bitte gib dir das. Erlaube dir, langsam zu sein. Zeit in der Horizontalen verbringen. Ich arbeite in der Zeit auch gern von zu Hause, von der Couch aus und manchmal auch aus dem Bett, da geht es leichter, und ich komme oft besser voran als gedacht. (Das aber bitte nur machen, wenn du wirklich gar keine Schlafprobleme hast, ansonsten ist die Couch die bessere Wahl #schlafhygiene.)

Es geht hier nicht darum, gar nichts zu tun und die Menstruation als Ausgangssperre zu sehen, sondern zu schauen, wie du diese Tage für dich am besten und erholsamsten gestalten kannst, sodass du Tag für Tag spürst, wie dein Akku immer voller wird.

BEZIEHUNGEN PFLEGEN IN DER MENSTRUATIONSPHASE

- Rückzugsbedürfnis klar kommunizieren – «Ich habe gerade weniger Energie für Kontakte».
- Du darfst soziale Verpflichtungen für einige Tage reduzieren, ohne schlechtes Gewissen. Das ist die Zeit für die Pflege deiner Beziehung mit dir selbst.
- Zeit für gemeinsames Chillen mit Friends, Haustieren, Kids, vielleicht macht ihr eine gemütliche Lesestunde oder Movie Night. So kannst du auch während dieser Phase in Gemeinschaft sein.
- Care-Kreise bilden kann was Feines sein. Ihr könnt euch gegenseitig umsorgen, auch ohne Partnerschaft (z. B. abwechselnd Massagen geben, Essen vorbeibringen oder gemeinsam essen).
- Intimität mit Liebsten oder dir selbst. Es ist erwiesen: Masturbation wirkt gegen Krämpfe, entspannt und macht gute Laune.

Du darfst jetzt Nein sagen, Termine absagen, Kalender lichten, Luft schaffen. Das kann erst mal schwierig sein, weil es so ungewohnt ist und das schlechte Gewissen richtig doll reinkickt. Sei dir sicher, das wird mit der Zeit und der Übung besser. Du wirst den Dreh rausbekommen und dann auch gar nicht mehr so viel absagen müssen, weil du für deine Blutungszeit sowieso schon nicht viel planst.

ARBEITEN WÄHREND DER MENSTRUATIONSPHASE

Als Allererstes: den Kalender lichten, wenn er zu voll ist. Alles, was zu viel wird und geschoben werden kann, sollte auch vertagt werden. Ansonsten versuche proaktiv, weniger Termine für deine Blutungszeit zuzusagen, Deadlines in der Zeit zu meiden.

- Reduziere nach Möglichkeit deine Aufgaben auf ein Minimum und mache nur das Allerwichtigste.
- Homeoffice und flexible Arbeitszeiten nutzen.
- Nutze die Zeit für strategische Überlegungen, Visions-Arbeit.
- Wo stehe ich mit meinen Projekten? Sind sie noch auf dem richtigen Weg?
- Admin- und Orga-Aufgaben gehen dir wahrscheinlich leicht von der Hand, eine gute Zeit für Ablage, Buchhaltung, E-Mails sortieren.

Wenn du dich in der Zeit gut fühlst, kann es auch sein, dass dies deine Phase für Deep Work ist, du voll im Flow und Fließen bist und konzentrierte Einzelarbeit ohne Ablenkungen dein Ding ist.

Wir haben das natürlich nicht immer in der Hand, der Zyklus findet ja nicht im luftleeren Raum statt. Was auch bedeutet, dass wir manchmal mitten auf einem Messeevent stehen und unsere Tage bekommen. Das schaffen wir auch. Trotzdem ist die Menstruationsphase nicht die Zeit für Networking-Events oder große Präsentationen. Sie ist perfekt für strategische Überlegungen, Jahresplanungen, Reinfühlen in große Fragen und Entscheidungen und Visions-Arbeit. Wo stehe ich mit meinen Projekten? Was ist mir wichtig? Wo will ich hin? Du wirst rausfinden, was für dich funktioniert.

DOS & DON'TS IN DER MENSTRUATIONSPHASE

Dos:

Ausruhen und Auftanken | gemütlich den Rückzug genießen | sanfte Bewegung, Yin Yoga und Yoga Nidra

Don'ts:

Zu viel von dir verlangen | Ausruhen skippen | dich überreizen und gar nicht in dich reinlauschen

TOOL: PLANUNG FÜR DEN ZYKLUS – DEIN TAG-3-RITUAL

An Tag 3 deines Zyklus passiert etwas Magisches: Du bist noch in der Ruhe der Menstruation, hast aber schon wieder etwas mehr Klarheit im Kopf. Der Tag-1-und-2-Nebel hat sich gelichtet. Du bist noch im Rückzug, aber nicht mehr komplett im Keller.

> **Das ist der perfekte Moment, um deinen kommenden Zyklus zu planen.**

Nicht mit Druck. Nicht mit «Jetzt muss ich funktionieren». Sondern aus der Klarheit heraus, die diese Phase dir schenkt. Du hast Zugang zu deiner inneren Weisheit UND kannst schon vorausschauen. Das ist die Brücke zwischen Intuition und Planung.

An Tag 3 meines Zyklus nehme ich mir gern 10 bis 15 Minuten Zeit, mit Tee, auf der Couch, in Ruhe, und schaue meinen Kalender für die kommenden Wochen durch. Machst du mit? So geht's:

Schritt 1: Zyklusphasen eintragen

Trage dir für jede Zyklusphase kurze Reminder in deinen Kalender ein, als kleine **Liebesbriefe an dein zukünftiges Ich**. Das funktioniert am besten, wenn du deinen Zyklus schon etwas kennst, weil du dir dann Reminder und Botschaften aufschreiben kannst, die dich in der Phase begleiten.

Das könnte so aussehen:

Phase 1: «Bleeding week. Mausemaus ganz soft»

Phase 2: «Enjoy the juice creative + social»

Phase 3 → 4: «Transit in luteal, go slow, me time PRIO!»

Phase 4: «Deep autumn – focus – NEIN – no social»

Phase 5: «Danger Zone, Mario vorwarnen, nicht alles glauben, was ich denke»

Schreib, was DU brauchst. Mit Emojis, mit Humor, mit Klarheit. Hauptsache, du erkennst in 2 Wochen auf einen Blick: «Ach ja, da bin ich gerade. Das hatte ich mir selbst gesagt.»

Schritt 2: Proaktiv den Monat durchschauen

Jetzt schaust du dir an, was die kommenden Wochen bringen – und prüfst:

Termin-Check: Gibt es Konflikte? Zu viele feste Termine in Phase 1 oder 4? Wichtige Präsentationen, wenn du gerade im Herbst bist?

To-do-Check: Was MUSS diese Woche passieren? Was kann in eine andere Phase verschoben werden? Was ist dringend, was ist wichtig, was kann weg?

Fokus setzen: Was soll in diesem Zyklus im Mittelpunkt stehen? (Mehr dazu in der nächsten Phase.)

Bewegung & Sport planen: Wann hast du Lust auf Power (Phase 3)? Wann auf Sanftheit (Phase 1)? Trag dir ein, was du dir wünschst, oder buche dir schon direkt deine Sporteinheiten.

Social Check: Hast du in Phase 4 zu viele Social Events im Kalender? Geburtstage, Dinners, Gruppenabende? Kannst du jetzt schon absagen oder Erwartungen managen?
Puffer einplanen: Blockiere dir bewusst Leerzeiten vor der Blutung und während der Lutealphase. Zum einen brauchst du vielleicht mehr Zeit, um von A nach B zu kommen, also Puffer zwischen Terminen, sowie Zeit, die für nichts verplant ist, nur für dich.

Schritt 3: Anpassen, wo nötig
Wenn du merkst, dass eine wichtige Deadline mitten in deine Blutung fällt: Was kannst du JETZT tun?
Früher kommunizieren: «Ich werde in Woche X weniger verfügbar sein.»
Vorab arbeiten: Puffer schaffen, bevor die Phase kommt.
Support organisieren: Wer kann dich entlasten? Oder auch: Wenn du nichts mehr ändern kannst: Wie kann ich davor und danach so gut für mich sorgen, dass ich es schaffe und die Energie wieder auftanke?
Wenn du hier schon siehst, dass du in der Lutealphase drei Abende mit Freund*innen, eine Geburtstagseinladung und ein großes Teammeeting hast: Sag jetzt ab und verschiebe, was das Zeug hält, bevor du mittendrin steckst und es dir noch schwerer fällt.

Dieser kleine Akt von 10 Minuten an Tag 3 kann den Unterschied machen zwischen:
«Oh Gott, warum habe ich mir SO VIEL aufgeladen? Ich bin am Ende.»
«Ich hab das kommen sehen. Ich hab gut für mich gesorgt.»
Auch hier geht es nicht um Perfektion, sondern um Prävention.

Natürlich kannst du nicht jeden Termin verschieben, nicht immer alles kontrollieren. Aber du kannst dir selbst zeigen, dass du dich ernst nimmst, deine Bedürfnisse beachtest und mit deinem Körper statt gegen ihn planst.

Die Kalender-Reminder geben dir Orientierung und sind nicht in Stein gemeißelt. Wenn dein Körper in Phase 2 sagt «Ich bin heute müde», darfst du das Tempo rausnehmen. Auch wenn der Kalender «creative + social» sagt.

Das Tag-3-Ritual macht deinen Kalender zu deinem Verbündeten und einem Tool für Selbstfürsorge, nicht nur für Produktivität. Du fütterst ihn mit Zykluswissen, und er gibt dir Orientierung, Erinnerung und manchmal auch den Mut, Nein zu sagen.

Probier's aus. Schreib dir deine eigenen Botschaften. Schau voraus. Pass an, wo nötig.

Und dann lass los. Du hast getan, was du kannst. Der Rest zeigt sich im Laufe des Zyklus. Und auch dafür gibt es ein Tool: den Wochen-Check-in (mehr dazu in Phase 2).

2. FOLLIKELPHASE: KREATIVITÄT – WACHSTUM – PLANEN

CA. ZYKLUSTAG 6 – 13

I'm back!

Nach der Menstruation erwacht dein System wieder. Östrogen steigt an und mit ihm deine Energie, Kreativität und Neurotransmitter wie Serotonin. Dein Gehirn bildet neue neuronale Verbindungen besonders leicht. Die Gebärmutterschleimhaut baut sich wieder auf, genau wie deine Pläne und Projekte.

Falls du dich in der Blutung sehr zurückgezogen hast, ist jetzt die Phase, in der du aus deiner Höhle rausgekrochen kommst. Oder gesprungen, denn plötzlich hast du wieder Energie und Lust auf die Welt und andere Leute. Du musst nicht sofort bei 100 % sein. Der zyklische Frühling kann auch noch wechselhaft sein. Mal scheint die Sonne, mal hagelt es. Genauso kann sich diese Phase anfühlen. Ein Tag voller Tatendrang, der nächste wieder müde. Das ist völlig normal und kein Zeichen dafür, dass etwas nicht stimmt. Mit der Zeit wirst du lernen, wie du mit der ansteigenden Energie so mitgehen kannst, dass du einen gleichmäßigen Aufbau deiner Kraft spürst.

Dein Gehirn ist jetzt besonders gut darin, Strukturen zu schaffen, Pläne zu schmieden und neue Ideen zu entwickeln. Nutze das, aber übertreibe es nicht, du musst nicht alles sofort umsetzen. Am besten machst du dir eine Liste oder einen Ort, an dem du alle deine Ideen sammeln kannst, sodass du sie frei sprudeln lassen kannst und doch nicht das Gefühl hast, sofort alle Ideen umsetzen zu müssen. Oft wollen wir das in dieser Zeit, doch dann kommt der Punkt, an dem wir total zerfleddert fünf Dinge gleichzeitig begonnen haben und nichts so richtig vorangeht. Der Ideenspeicher kann dich davor bewahren, weil du dir dann je nach Energie und Kapazitäten pro Zyklus immer eine Sache besonders in den Fokus nehmen kannst, ohne dass die anderen Dinge verloren gehen.

TYPISCHE QUALITÄTEN DER FOLLIKELPHASE

- Deine Energie kommt langsam zurück.
- Planungsfreude: Strukturen schaffen fällt dir leicht, du hast Lust, dich zu verabreden und dir einen Überblick zu verschaffen.
- Du spürst Offenheit und Neugierde. Alles erscheint mög-

lich, spannend, und du bist offen für die Welt und sie für dich.
- Deine Kreativität ist aktiviert, und neue Ideen sprudeln nur so aus dir heraus.
- Du fühlst dich generell wieder optimistischer, die Welt sieht wieder freundlicher aus.
- It's Playtime! Du hast Lust auf Spiel und Spaß – eine super Zeit für Unternehmungen und mit deinen Kids.

TYPISCHE HERAUSFORDERUNGEN DER FOLLIKELPHASE

- Scattered Energy, Flatterhaftigkeit. Die aufsteigende Energie, das ansteigende Östrogen kann dich auch fahrig und unkonzentriert machen.
- Du fällst auf deinen Enthusiasmus rein, hast zu allem Ja gesagt und merkst ein paar Tage später, dass es dir doch alles zu viel ist.
- Große Ungeduld, insbesondere in Bezug auf deine Ideen: Du willst alles JETZT umsetzen, schaffst es aber nicht (weil es eben nicht möglich ist, an fünf Projekten gleichzeitig zu arbeiten).
- Du fühlst dich unsicher und vergleichst dich mit anderen und gerätst dadurch in Stress und Unsicherheiten.
- Alles ist wackelig: ein Tag voller Tatendrang, der nächste wieder müde.

Erinnere dich: Diese Phase ist dafür da, viele Ideen zu haben und einen Fokus auszuwählen. Deine Energie steigt gerade erst an. Du bist im Aufbau, nicht im Sprint. Es ist okay, wenn nicht alles sofort klappt.

SELBSTFÜRSORGE IN DER FOLLIKELPHASE

Jetzt ist die Zeit, neue Routinen auszuprobieren und zu etablieren, sei es beim Sport, deiner Meditationspraxis oder der Strukturierung deiner To-do-Listen.

- Komm sanft wieder mehr in Bewegung. In der Phase sind rasche Spaziergänge, Ausdauertraining und Tanzen gut aufgehoben.
- Mind the Gaps! Bitte trotzdem Pausen einbauen, dich nicht überfordern, ruhige Momente einbauen, damit du auf dem Teppich bleibst bei all der kreativen (und manchmal flatterhaften) Energie.
- Zeit für Brainstormings. Sammle alle Ideen, ohne sie zu bewerten, und leg deinen Ideenspeicher an.
- Food for Thought: Dein Gehirn ist bereit, neues Wissen aufzunehmen, Neues zu lernen, fällt dir jetzt leicht.
- Inspiration tanken: Museen, Bücher, Podcasts.
- Viel Frisches und Knackiges essen.

BEZIEHUNGEN PFLEGEN IN DER FOLLIKELPHASE

- Schmiedet gemeinsame Pläne.
- Nutze die Qualität der Offenheit, bring Wünsche und Ideen (für die Beziehung) konstruktiv und stressfrei ein (hier kannst du deinen Themenspeicher aus der Lutealphase konsultieren und schauen, was davon wirklich geklärt werden muss und was durch deine luteale Lupe stärker drängte, aber eigentlich nicht so wild ist).
- Bereite schwierige Gespräche vor. Die Klarheit dieser Phase hilft dir, die Dinge sachlich und konstruktiv zu betrachten, vor allem, weil du hier nicht so emotional geladen bist. Was will ich sagen? Wie will ich es sagen? Wie kann ich es leicht angehen?

- Small Talk fällt dir leichter, jetzt kannst du gut neue Kontakte knüpfen, Dates planen, Beziehungen auffrischen, netzwerken.

ARBEIT IN DER FOLLIKELPHASE

Die perfekte Zeit, um Projekte zu starten. Du bist jetzt richtig gut darin, Zeitpläne und To-do-Listen zu erstellen sowie klare Meilensteine festzulegen.

- Kreative Brainstormings im Team sind jetzt on fire!
- Spätestens jetzt solltest du den Kalender für den Rest deines Zyklus realistisch strukturieren (siehe Tool «Wochen-Check-in» in diesem Abschnitt).
- Lege deinen Fokus für den Zyklus fest. Wo soll deine Premium-Energie reinfließen? (Siehe Tool «Deinen Fokus finden» in diesem Abschnitt.)
- Teile dir deine Energie bewusst ein. Gib noch nicht alles jetzt sofort, halte noch 20–30 % zurück.
- Du hast dein eigenes Business: Jetzt ist eine super Zeit für Content Creation (am besten auch in Batches, damit du in der prämenstruellen Phase was zum Posten hast, ohne es dann erst erstellen zu müssen), also schreibe, designe und konzipiere, was das Zeug hält. :)
- Lerne was Neues: Fortbildungen und Workshops sind hier besonders gut getimt, weil du so aufnahmefähig bist.

Ich glaube, es ist mehr als klar geworden: Die Follikelphase ist DIE Planungsphase im Zyklus (was natürlich nicht bedeutet, dass du das in den anderen Phasen nicht tun kannst). Dein Gehirn ist jetzt besonders gut darin, Strukturen zu schaffen, einen Draufblick auf die Dinge zu haben, und das kannst du für dich nutzen. Bitte hebe dir trotzdem noch Energie für den Rest deines Zyklus auf und versuch nicht alles sofort umzusetzen. Du bist noch im Aufbau, nicht im Power-Sprint. Plane, starte erste Schritte, die volle Umsetzung kommt mit den kommenden Tagen und der nächsten Zyklusphase.

TOOL: DER WOCHEN-CHECK-IN

An Tag 3 hast du deinen Zyklus geplant. Du hast deine Phasen eingetragen, vorausgeschaut, Prioritäten gesetzt. Das war deine Hypothese für diesen Zyklus: «So könnte es laufen.»
Und dann kommt das Leben. Oder dein Körper sagt was anderes. Oder der Zyklus ist dieses Mal einfach ... anders.
Das ist völlig normal. Jeder Zyklus ist ein Unikat.
Deine Follikelphase kann diesen Monat voller Energie und Ideen sein und nächsten Monat wackelig und müde. Deine Lutealphase kann sanft sein, voller Kreativität, oder dich umhauen. Der Stress bei der Arbeit, der Schlaf letzte Woche, die Erkältung, die du gerade auskurierst – all das beeinflusst, wie du deine Phasen erlebst.
Deswegen ist neben dem täglichen Zyklus-Check-in (alles dazu in Kapitel 7) der Wochen-Check-in das Tool, das Zyklus und Alltag miteinander in Einklang bringt.

So funktioniert der Wochen-Check-in

Für mich ist Sonntag der Tag dafür, um mit klarem Kopf und Fokus in die neue Woche zu gehen. Auch das machst du natürlich so, wie es dir am liebsten ist oder am besten in dein Leben passt. Nimm dir 5 bis 10 Minuten Zeit und stelle dir diese Fragen:

Wo bin ich gerade?
In welcher Phase bin ich diese Woche? (Schau in deinen Kalender, falls du's vergessen hast.)

Wie fühle ich mich wirklich?
Nicht wie du dich laut Kalender fühlen «solltest», sondern wie du dich TATSÄCHLICH fühlst. Müde? Energiegeladen? Überfordert? Nervös? Alles ist okay. In Kapitel 7 lernst du noch BoB kennen, der hilft dir dabei, dich für deine Stimmungen nicht zu verurteilen, sondern neugierig und zugewandt zu bleiben, egal wie du dich fühlst.

Was braucht Anpassung?
Gibt es diese Woche Termine, die nicht mehr passen?
Brauchst du mehr Pausen als geplant?
Hast du überraschend viel Energie und willst mehr machen?
Welcher Fokus fühlt sich jetzt richtig an?

Was war letzte Woche gut?
Was hat funktioniert? Was hast du für dich gut gemacht? Das ist wichtig zu erkennen, damit du lernst, was bei DIR funktioniert. Trage dir diese Beobachtungen in dein Tracking mit ein, damit du die Erkenntnisse für den nächsten Zyklus gleich nutzen kannst.
Diese Form, Zyklusachtsamkeit zu leben, ist keine Inkonsequenz, sondern gelebte Flexibilität. Im Grunde ist genau das die Kunst, in Beziehung mit dir selbst und deinem Zyklus zu sein. Nicht zu Zyklusbeginn einmal alles festgelegt zu haben und dann in Beton zu gießen, sondern immer wieder sanft draufzuschauen, was es wirklich braucht. Dieser Wochen-Check-in macht dein System lebendig und alltagsnah. Er verhindert, dass deine Planung dich stresst, und erinnert

dich daran: **Du bist die Expertin für deinen Körper.** Kein Kalender, kein Modell, kein Buch kann dir sagen, wie du dich HEUTE fühlst. Nur du weißt das.
Der Wochen-Check-in ist deine Erlaubnis, flexibel zu sein, Dinge anzupassen, umzuplanen. Und gleichzeitig: bei dir zu bleiben.

TOOL: DEINEN EINEN FOKUS FINDEN

Die wichtigste Aufgabe in Phase 2: Setze EINEN Fokus für diesen Zyklus. Nicht fünf Projekte. Nicht «ein bisschen von allem».
Stelle dir diese drei Fragen, um deinen Fokus zu finden:
Was braucht JETZT meine Energie?
Welches Projekt, welche Idee, welches Ziel ist wirklich dran?
Wo will ich am Ende dieses Zyklus stehen?
Was soll fertig / weiter / geklärt sein, wenn ich wieder in Phase 1 bin?
Was kann warten?
Welche Ideen klingen gut, sind aber noch nicht dran? (Schreib sie auf deine Ideenliste, sie sind nicht verloren und gut aufgehoben.)
Alles andere darf warten. Diese Klarheit gibt dir Energie, statt sie zu rauben.

Tipp: Schreib deinen Fokus groß auf und leg ihn sichtbar hin. Auf einen Post-it am Laptop. Als Handy-Hintergrund. Als Kalender-Reminder. Wenn neue Ideen kommen (und sie werden kommen!), checkst du: Gehört das zu meinem Fokus? Nein? → Ideenliste. Ja? → Machen.
Warum denn nur eine Sache? Weil du in Phase 2 und 3 gefühlt die Energie für 10 Projekte hast, aber dann kommen Phase 4 und 5, und plötzlich merkst du: «Oh Gott, ich hab

fünf Sachen angefangen und nichts fertig gemacht.» Das ist die perfekte Grundlage, um dich selbst fertigzumachen, supergestresst zu sein usw. Und das wollen wir vermeiden. Einen klaren Fokus pro Zyklus zu haben, bedeutet:

- Du machst Fortschritte, statt dich zu verzetteln,
- du fühlst dich am Ende des Zyklus zufrieden (statt überfordert),
- dein prämenstruelles Ich dankt dir, weil nicht alles offen und unfertig ist.

Und weißt du was? Im nächsten Zyklus kannst du einen neuen Fokus wählen. Die Ideen gehen nicht verloren. Sie warten auf ihre Zeit.

DOS & DON'TS IN DER FOLLIKELPHASE

Dos:

Fokus für den Zyklus setzen (und dabei bleiben) | Kreativität & Spielfreude ausleben | bewegen, so wie es dir Freude macht

Don'ts:

Zu allem Ja sagen | dich mit anderen vergleichen | Pausen vergessen | deine Energie schon jetzt komplett verpulvern

3. OVULATION: SELBSTBEWUSSTSEIN, VERBINDUNG, AKTION

UM ZYKLUSTAG 14 – 16, VARIIERT JE NACH ZYKLUSLÄNGE

Your time to shine!

Da ist sie, die Powerphase! Alles, was du geplant und vorbereitet hast, will jetzt raus in die Welt. Östrogen und Testosteron sind auf ihrem Höhepunkt. Dein verbales Zentrum im Gehirn ist hochaktiv. Die Ovulation macht dich biologisch attraktiv, und zwar nicht nur für potenzielle Partner*innen, sondern auch für berufliche und soziale Kontakte. Du bist magnetisch, kommunikativ und hast Energie für zwei.

ABER das heißt nicht, dass du sie auch für zwei verbrauchen musst.

Die große Falle dieser Phase: Weil alles so leicht geht, tendieren wir dazu, uns komplett zu verausgaben. Ja zu allem zu sagen. Unseren Kalender vollzupacken. Und dann wundern wir uns, warum wir prämenstruell in Phase 4 komplett zusammenbrechen.

Nutze diese Energie strategisch. Ja, du kannst gerade viel schaffen. Aber denk dran: Dein prämenstruelles Ich wird dir dankbar sein, wenn du nicht ALLES auf einmal machst. Quality over Quantity ist hier der Zauberspruch. Vielleicht ist das für dich die Phase, in der du das Leben voll und ganz genießt: deine Sexualität voll auslebst, Sexytime hast, Freund*innen triffst und einfach nur voller Freude und Energy lebst und nichts «Produktives» draus machst. Just for the fun of it. Auch das ist fein und, wie ich finde, fast sogar noch das schönere Ziel, um die Qualität dieser Phase so richtig lustvoll auszukosten. Sicherlich nichts, was du auf dem Sterbebett bereuen wirst. ;-)

TYPISCHE QUALITÄTEN DER OVULATIONSPHASE

- Du bist ganz da, voller Präsenz und Klarheit im Kopf und in deiner Kommunikation. Deine Worte fließen mühelos, und Eloquenz ist dieser Tage dein zweiter Vorname.
- Deine Ausstrahlung ist magnetisch, Menschen fühlen sich zu dir hingezogen.
- Weil du einfach so powerful und selbstbewusst bist, hast du Durchsetzungskraft und kannst mit Leichtigkeit für dich einstehen.
- Wenn es eine Phase gibt, in der wir Multitasking können, dann hier.
- Du hast einfach viel Energie und bist resilient, hier macht dir auch der Besuch bei den (anstrengenden) Verwandten nichts aus, und du kannst auch in der Mittagspause noch socializen.
- Das Leben fühlt sich einfach gut an, und du kannst es genießen.

DIE HERAUSFORDERUNGEN DER OVULATIONSPHASE

- Overload-Gefahr: Weil du so kraftvoll bist, neigst du dazu, dir zu viel vorzunehmen, und merkst es erst, wenn's zu spät ist (in der prämenstruellen Phase).
- Achtung, People-Pleasing Danger Zone. Klar, gerade liebst du alle und alles, sagst gerne Ja und hast auch wirklich die Kapazitäten, aber auch hier darfst du prüfen: Will ich das wirklich? Nur weil du kannst, heißt das noch lange nicht, dass du auch musst.

- Gerade wenn du prämenstruell mit PMS und PMDS zu tun hast, liegt auf der Phase viel Druck, weil du das Gefühl hast, alles aufholen zu müssen. Das kann dazu führen, dass du Produktivitätsdruck verspürst, weil du jetzt alles aufholen willst, was in der PMDS-Phase nicht ging.
- Du fühlst kein High, sondern bist plötzlich schlapp und traurig? Vielleicht bist du im Post-Ovulation Dip (siehe Kapitel 3/Ovulation & Glossar). Der Absturz nach dem hormonellen High kann hart sein, sei milde mit dir.

Ja, die Ovulationsphase ist die Zeit, dich zu zeigen und zu glänzen. Trotzdem solltest du auch hier noch Energie für dich aufheben, damit du nicht ausbrennst. Du musst nicht die ganze Welt retten, nur weil du gerade die Energie dafür hättest.

SELBSTFÜRSORGE IN DER OVULATIONSPHASE

- Feiere deine Erfolge, lasse Momente zu, in denen du stolz auf dich bist!
- Lasse Genuss und Sinnlichkeit bewusst bei dir einziehen. Enjoyyyy life to the fullest!
- Body-Positivity und Dankbarkeit: Feiere deinen Körper und die Kraft, die er hat, all das, was dein Körper dir ermöglicht an sinnlichen Erfahrungen, Sexytime und Genuss.
- Social Time mit Freund*innen genießen, nicht nur alles fürs berufliche «Networken» nutzen. Pausen und Grenzen trotzdem nicht vergessen und bewusst integrieren: Nicht jede Gelegenheit muss genutzt werden, und du brauchst für die prämenstruelle Zeit auch noch Energie, auch Sommerpausen sind das Ding!
- Sorge für deine prämenstruelle Phase vor. Koche dir

Essen vor, notiere deine Erfolge und selbstbewussten Momente, damit du für deinen Hunger und deine innere Kritikerin Gegenmittel parat hast.

- Spüre deine körperliche Kraft, das ist die ideale Zeit für Krafttraining, Ausdauertraining oder andere körperliche Herausforderungen.

BEZIEHUNGEN PFLEGEN IN DER OVULATIONSPHASE

- Date Nights sind hier gut platziert. Nehmt euch Zeit für Romantik, Intimität, Sexytime.
- Geht gemeinsam feiern, auf Partys, Feste, Zusammenkünfte, was auch immer euer gemeinsames Ding ist.
- Nehmt euch Zeit, gemeinsam Freude und Genuss zu kultivieren.
- Romantische Liebe ist nicht die einzige Liebe. :) Jetzt ist eine gute Zeit, deine Freundschaften zu pflegen und Zeit mit den Menschen zu verbringen, die dir wichtig sind.
- Es gibt einen Konflikt aus der vergangenen Lutealphase? Hier ist ein guter Zeitpunkt, das zu klären und schwierige Gespräche zu führen. Du kannst dich klar ausdrücken, bist weniger verletzlich, hast die Energie für emotionale Themen.

ARBEIT IN DER OVULATIONSPHASE

Große Präsentationen und Produktlaunches kannst du jetzt mit Leichtigkeit umsetzen und verkraftest auch mal eine Nachtschicht und etwas weniger Schlaf. Wenn es eine Herausforderung zu meistern gibt, dann ist das die beste Phase dafür.

- Nutze deine Ausstrahlung und Klarheit für Sales-Pitches, um neue Kunden zu gewinnen.
- Knüpfe neue Kontakte auf Networking-Events und plane nach Möglichkeit Bewerbungsgespräche, Gehaltsverhandlungen und Rollenklärungen für diese Phase ein. Alles, was etwas anspruchsvoller in der Kommunikation ist, passt hier gut hin.
- Nutze das wohlige Gefühl und Selbstbewusstsein für Fotoshootings, falls du neue Fotos brauchst, du wirst einfach mehr Spaß damit haben.

Ich glaube, es ist deutlich geworden, die Zyklusmitte ist your time to shine! Jetzt ist die Zeit für große Auftritte, wichtige Gespräche und Sichtbarkeit. Du bist präsent, kommunikationsstark, überzeugend. Nutze das für die Dinge, die wirklich zählen. Alles, was Durchsetzungskraft braucht, geht jetzt leichter. Funfact: Gehaltsverhandlungen sind aus meiner Sicht auch prämenstruell gut aufgehoben, wenn du bereits eine Weile zyklusachtsam lebst – die No-Bullshit-Energy ist Gold wert, weil du dich nicht so leicht mit dem erstbesten Angebot zufriedengibst.

Trotz all der Power, die da ist, ist es völlig okay, diese Phase für Lebensgenuss statt Produktivität zu nutzen. Nicht jede Powerphase muss ein Business-Sprint sein. Manchmal ist das größte Geschenk, einfach nur zu leben, zu genießen, zu feiern.

TOOL: DER ENTSCHEIDUNGSFILTER

Gerade in der Zyklusmitte neigen wir dazu, uns zu überschätzen, was die verfügbare Energie angeht. Um dich vor zu vielen Jas zu den falschen Dingen zu bewahren, kannst du, jedes Mal bevor du etwas zusagst, diesen Entscheidungsfilter konsultieren (und ihn dir natürlich auch noch anpassen).

Bevor du zu etwas Ja sagst, frag dich:

- Zahlt das auf meine Werte / Ziele ein? (Oder mache ich es nur, weil ich kann?)
- Habe ich in 2 Wochen noch Bock darauf? (Wenn mein prämenstruelles Ich das sieht …)
- Was ist der EINE wichtigste Fokus diese Woche? (Und passt das dazu?)

Diese drei Fragen helfen dir, deine Powerphase strategisch zu nutzen, statt dich zu verzetteln.
Dein prämenstruelles Ich wird es dir danken, wenn du jetzt klug mit deiner Energie umgehst.

DOS & DON'TS IN DER OVULATIONSPHASE

Dos:

Genuss & Lebensfreude in vollen Zügen auskosten | selbstbewusst, klar, präsent kommunizieren | sichtbar sein & Stärken zeigen

Don'ts:

Dich mit zu viel Aktivität überfordern | zu allem Ja sagen, nur weil du die Energie hast | vergessen, dass dein prämenstruelles Ich die Rechnung zahlt

4. LUTEALPHASE: GRENZEN, NO BULLSHIT, FOKUS

CA. ZYKLUSTAG 15 BIS ZUR NÄCHSTEN BLUTUNG

Truth Time – Take what you need, leave the Bullshit!

Willkommen in der Phase, die die meisten von uns am liebsten überspringen würden. Der innere Herbst, die Lutealphase. Die Zeit, in der der Glitzer abfällt und wir sehen, was wirklich ist. Klingt ungemütlich? Kann es sein. Muss es aber nicht.

In der Lutealphase ist Progesteron das dominante Hormon im Körper und beeinflusst mehrere Bereiche im Gehirn, besonders solche, die mit Emotionen, Stimmung und Wahrnehmung zu tun haben. Das kann dazu führen, dass wir feiner auf unsere Umgebung reagieren und Emotionen intensiver erleben können.

Das erklärt, warum manche in der Lutealphase sensibler auf Kritik reagieren oder Dinge schneller persönlich nehmen. Denn Progesteron und seine Abbauprodukte wirken auch auf das GABA-System, was beruhigen, aber gleichzeitig auch emotionale Schwankungen begünstigen kann. Diese komplexen Wechselwirkungen im Gehirn sorgen für die typischen Ups and Downs in dieser Zyklusphase und machen uns dadurch lebendiger und vielschichtiger in unserem Erleben.

Diese feine Wahrnehmung von fast allem ist unsere größte Stärke dieser Phase, denn wir haben einen analytisch scharfen Bullshit-Detektor in uns. Alles, was nicht stimmt, nicht passt, nicht authentisch ist, wird jetzt (schmerzhaft) sichtbar. Das ist kein Bug, das ist ein Feature! Dein System zeigt dir, wo du

über deine Grenzen gegangen bist, wo du Ja gesagt hast, obwohl du Nein meintest, wo du dich verbogen hast.
Deshalb ist das die Phase der radikalen Ehrlichkeit, mit dir selbst und anderen. Die Zeit, in der du die Früchte deiner Arbeit erntest, aber auch das Unkraut rausreißt. Es ist die «No Bullshit»-Phase, in der du dir nichts mehr vormachen kannst und andere dir erst recht nicht. Das ist eine Superkraft, wenn du sie richtig nutzt.

TYPISCHE QUALITÄTEN DER LUTEALPHASE

- Dein Bullshitometer is on fire. Jede Form von Bullshit riechst du auf Meilen, und die anderen nerven einfach nur.
- Du hast ein verstärktes Grenzbedürfnis, der Östrogenpuffer ist weg, und das zeigt dir sehr deutlich: Was zu viel ist, ist zu viel.
- Die Wahrheit kommt ungezügelt aus dir raus, und du hast keine Lust auf Spielchen.
- Dein Analyse-Modus ist on point, dir entgeht kein Detail, und kritisches Denken fällt dir gerade sehr leicht. ;-)
- Du spürst den Wunsch nach Rückzug und wie deine Energie sich nach innen wendet.
- Du spürst alles intensiver, hast eine deutlich gesteigerte Sensibilität.

DIE HERAUSFORDERUNGEN DER LUTEALPHASE

Diese Phase kann sich anfühlen wie ein emotionales Minenfeld. Wie eine einzige Überreizung, als hätte jemand mit einer groben Feile an deinen Nerven gekratzt. Deine innere Kritikerin hat gerade einen Kaffee getrunken und legt so richtig los. Alles, was du machst, ist scheiße (Spoiler: stimmt nicht!).

Du fühlst dich nicht nur empfindlich, sondern überempfindlich. Jede Kleinigkeit fühlt sich wie ein persönlicher Angriff an, jede hochgezogene Augenbraue, jedes raue Wort kann dich zum Weinen bringen (oder deine Wut entfachen).

Isolationstendenz und Katastrophendenken sind bei dir eingezogen. Du willst dich einfach nur verkriechen und niemanden mehr sehen, alles erscheint aussichtslos.

Deine Stimmungen wechseln so schnell und heftig, dass du kaum noch hinterherkommst und dich selbst dadurch unsicher fühlst.

Was wahrscheinlich bedeutet, dass du PMS/PMDS hast und deine Symptome sich zeigen. Die körperlichen und emotionalen Symptome können richtig heftig sein.

Du bist einfach nur verzweifelt, unendlich traurig, kommst nicht aus dem Bett und hast Symptome, die in Kapitel 4 zu PMDS aufgelistet sind.

Die Herausforderungen dieser Phase zeigen dir, wo du besonders achtsam sein darfst. Truth Time heißt auch, die Wahrheit über diese Phase anzuerkennen: Sie ist herausfordernd, aber sie geht vorbei.

Es kann allerdings auch sein, dass die Herausforderungen deshalb so groß sind, weil sie ein Hinweis darauf sind, dass du professionelle Hilfe brauchst und dass das, was hier steht, nicht ausreicht. (Mehr dazu in Kapitel 4.)

SELBSTFÜRSORGE IN DER LUTEALPHASE

Übe radikale Ehrlichkeit mit dir selbst. Alles, was dich jetzt nervt, dir zu viel ist, sind wichtige Hinweise darauf, was du eigentlich willst.

Du kannst dich beim Journaling auf Papier auskotzen und alles rauslassen, ungefiltert à la: «Was ich immer schon mal sagen wollte.»

Deine innere Kritikerin zum Kaffee oder Tee einladen. Das bedeutet z. B., in einem inneren Dialog oder auf Papier deine innere Kritikerin zu fragen, was sie dir sagen möchte. Oftmals hat sie eine wichtige Botschaft, die, wenn wir sie hören und ihr dann antworten, zu allgemeiner Entspannung und einem Gefühl von Selbstliebe und Selbstfürsorge führt. Das ist ein Tool aus der Arbeit mit inneren Anteilen. Wenn du das online suchst, findest du gute Beispiele. Oder du kommst zu mir ins Coaching, um deine inneren Anteile besser kennen- und verstehen zu lernen.

Versuche deine Gefühle zuzulassen. Je mehr wir alles da sein lassen dürfen, umso schneller ist es wieder vorbei (siehe auch Kapitel 8, die 90-Sekunden-Regel).

Bitte gib dir ganz viel Mitgefühl. Das Schlimmste, was passieren kann, ist, dass du dich schlecht fühlst und dich dann noch dafür fertigmachst, dass du dich schlecht fühlst (been there, done that).

Sanfte Bewegung tut dir gut und hilft auch, sich insgesamt wohler zu fühlen. Yoga, Pilates, Tanzen, Spaziergänge ohne Handy – alles gute Formen der Bewegung in dieser Phase.

Iss dich satt! Du brauchst 300 Kalorien mehr pro Tag. Gestalte deine Mahlzeiten am besten so proteinreich wie möglich, das stabilisiert deinen Blutzucker und damit auch deine Stimmungen.

Bitte versuch es: keinen Kaffee auf leeren Magen. Erst deftig und proteinreich frühstücken, dann den Kaffee. Das ist generell gut für unsere Hormone und erst recht in der zweiten Zyklushälfte der Game Changer, weil es deine Stimmung stabilisiert. #thankmelater

Reize reduzieren ist immer eine gute Idee, hier besonders. Wie wäre es mit weniger Social Media, Digital Detox oder zumindest dem «Bitte nicht stören»-Modus?

Plane dir Pausen und generell mehr Zeit für alles ein. So kommst du nicht in Stress und kannst dadurch trotz all der Stimmungen etwas mehr Ruhe und Stabilität spüren.

BEZIEHUNGEN PFLEGEN IN DER LUTEALPHASE

Das ist definitiv (für mich) die größte Herausforderung im ganzen Zyklus, hier sind wir dünnhäutig, aggro, sehr nah an unseren Grenzen und die anderen somit auch. Dass es hier mal knallt, ist sehr typisch, und es ist hier auch am schwersten, das zu vermeiden.

In dieser Phase brauchst du mehr Raum für dich. Das ist okay. Kommuniziere klar: «Ich brauche jetzt Zeit für mich» oder: «Das war mir zu viel». Du musst dich nicht rechtfertigen. Wenn dir Kontakt guttut, dann vermutlich eher qualitativ, nicht drei oberflächliche Treffen, sondern ein tiefes Gespräch mit einer vertrauten Person. Oder einfach nur gemeinsam auf der Couch liegen und Pizza und Schoki genießen. It's all about the Balance. ;-)

Nein ist ein ganzer Satz. Das hier ist die Phase, in der es cool ist, wenn du schon geübt hast, deine Grenzen klar zu kommunizieren, ohne dich zu rechtfertigen. Oder es ist die Phase, in der deine Hormone dir dabei helfen, Nein zu sagen, weil du einfach nicht mehr so leicht über deine Grenze hinweggehen kannst. Wenn wir und auch die Menschen um uns herum es nicht gewohnt sind, dass wir Nein sagen und uns abgrenzen, kann sich das erst mal sehr komisch anfühlen. Das heißt nicht, dass du damit aufhören solltest, sondern dass es neu und ungewohnt ist und du dich mit der Zeit immer wohler damit fühlen wirst. Und deine Umgebung sich auch daran gewöhnen wird.

Qualität vor Quantität ist für viele hier das Motto. Triff weniger Leute, aber die richtigen.

Abstand nehmen, wenn nötig, du darfst dich abgrenzen. Grenzen sind für Beziehungen, nicht gegen sie. «Es ist nicht gegen dich, ich brauche das für mich.»
Lass dir auch helfen und was Gutes tun. Lucy Peach nennt diese Phase nicht umsonst TAKE Phase. Du darfst Support annehmen.
Wichtige Beziehungsgespräche gehören nicht in diese Phase! Hier wirst du wahrscheinlich genau wissen, was dich stört, du an der Beziehung ändern möchtest usw. Doch die beste Zeit, diese Dinge zu besprechen, ist im zyklischen Frühling und Sommer. Mach dir Notizen über alles, was dir hochkommt, und schau sie dir dann in der Follikelphase noch mal an. Wenn es dir dann immer noch gegen den Strich geht, ist es Zeit für ein konstruktives Gespräch.
Manchmal ist Kuscheln besser als Reden. Für Mario und mich funktioniert es, wenn ich im absoluten Grumpy-Modus bin, besser, wenn wir uns nicht groß unterhalten (denn ich könnte nicht weniger interessiert an irgendwas außer chillen und meiner Ruhe sein), aber zusammen kuscheln, fernsehen, lesen: Das geht alles, und so verbringen wir friedliche gemeinsame Zeit. Körperliche Nähe ohne Drama (Netflix and chill and Pizza).
Da, wo machbar und nötig, ist es auch der Moment, ehrlich zu benennen, was dich belastet, und gemeinsam nach Lösungen zu schauen.

ARBEIT IN DER LUTEALPHASE

Das ist eine super Zeit, um offene Aufgaben abzuschließen, offene Punkte aufzuräumen, Dinge zu klären. Spürst du auch diese finishing up energy?
Falls du dich eher unkonzentriert fühlst, ist Admin-Kram, kleinere Aufgaben, die schnell erledigt sind, Rechnungen

schreiben und Buchhaltung genau das Richtige. Bei letzterer kannst du dein Bullshitometer für Fehlersuche nutzen und zugleich ganz zufrieden richtig viel von der To-do-Liste abhaken.

Review-Meetings sind hier auch gut platziert. Halte kritische Rückschau: Was lief gut, was war zu viel? Wo kann ein Projekt noch optimiert werden? Halte die Learnings für den nächsten Zyklus fest.

Detailarbeiten sind hier auch super aufgehoben: Korrekturlesen, Feinschliff, Feedback geben.

Aufräumen und ausmisten, digital und analog, kann eine wahre Wohltat sein. Du bist entscheidungsfreudig, weißt, was überflüssig ist, und kannst gut loslassen.

TOOL: DAS LUTEAL-SURVIVAL-KIT

Das war jetzt allerhand. Wenn du damit überfordert bist und dir einfach nur denkst: «Sag mir doch bitte einfach, was ich jetzt machen soll, meine Stimmungsschwankungen machen mich feddich.» Okay, mach ich. :) Hier sind meine drei besten Maßnahmen, wenn die prämenstruelle Wut, Unwohlsein und der allgemeine Grantel dich fest im Griff hat.

1. Auskotzen im Tagebuch

Schreib alles raus, ungefiltert, uncensored. Lass die Wut, die Frustration, die Tränen aufs Papier. Das ist DEIN Space zum Ablassen. Niemand liest das. Niemand bewertet das. Raus damit.

2. GIF-Sammlung parat haben

Erstelle dir eine Sammlung von Memes und GIFs, die deine Stimmung perfekt treffen. Manchmal sagt ein GIF mehr als tausend Worte und hilft sowohl dir als auch deinen Liebsten, die Situation zu verstehen und humorvoll damit umzugehen.

3. Vorwarnung am Ende der Zyklusmitte

Informiere deine Liebsten präventiv: «Hey, meine schwierige Phase kommt bald. Ich werde wahrscheinlich dünnhäutig und gereizt sein. Das liegt nicht an euch, und ich arbeite daran, gut für mich zu sorgen.»

Wichtig: Das ist kein Freifahrtschein zum Ausrasten. Aber eine vorsorgliche Ankündigung kann der ganzen Sache die Ecken und Kanten nehmen und dafür sorgen, dass du mehr Verständnis und Support bekommst.

DOS & DON'TS IN DER LUTEALPHASE

Dos:

Go slower (nimm dir mehr Zeit) | radikale Ehrlichkeit dir selbst gegenüber | Grenzen setzen & kommunizieren | zuhören, was deine Wut dir sagt (siehe Kapitel 8) | mehr nehmen statt geben

Don'ts:

Zu viele emotionale Themen auf einmal abarbeiten wollen | alles hinschmeißen (radikal sein ja, aber nicht destruktiv) | der inneren Kritikerin alles glauben | Isolation statt Rückzug | dich für deine Bedürfnisse rechtfertigen

5. THE PRESSURE COOKER: KOLLABIEREN & EXPLODIEREN

CA. 1 – 3 TAGE VOR DER MENSTRUATIONSBLUTUNG

Welcome to the pressure cooker.
A hot place. A dark place.
A tense place. Buckle up.

Es gibt noch eine Phase im Zyklus, die besonders diejenigen betrifft, die eh schon mit PMS und PMDS zu tun haben. Sie wird selten bis nie erwähnt, betrifft nicht alle Menstruierenden, und doch nicken alle immer verstehend und sind dankbar zu hören, dass sie nicht die Einzigen sind, wenn ich davon erzähle. The Pressure Cooker, das sind die paar Tage vor der Blutung im Dampfkochtopf, in denen sich alles noch mal zuspitzt. Ich kenne beide Versionen, entweder das Kollabieren, wo auf einmal nichts mehr Sinn macht, ich vollkommen energie- und antriebslos bin, oder das Explodieren, wo ich mir wirklich vorkomme wie eine tickende Zeitbombe und merke, dass ich teilweise so reizbar und aggressiv bin, dass ich nicht sicher bin, ob ich vielleicht auch gewalttätig werden könnte, wenn mir jemand doof kommt.

Welcome to the pressure cooker, dem Space kurz vor deiner Periode, an dem alles möglich ist: vom most dramatic meltdown bis zu epischen Ausrastern mit zerbrochenem Geschirr (pointing at me here). Definitiv eine Zyklusphase, die in der Regel leider Spuren in deinem Leben oder dem Leben von anderen hinterlässt.

Vielleicht kennst du das hier? Ich liege auf dem Sofa, unausgeschlafen und unruhig zugleich. Scrolle durch YouTube

Shorts oder Insta, die Kontrolle über Endless Scroll habe ich schon längst verloren. Mein Brain ist einfach nur lazy und müde.

Ping: Wie geht's dir?

Ping: Was geht nächste Woche?

Ping: Hast du schon die Gruppe gecheckt, was schenken wir K.?

Ping: Wie findest du diesen Baum? Oder den hier? Das wäre doch auch schön?

Was ich in einem Moment noch gemocht, ja genossen habe (Nachrichten von Freund*innen), raubt mir im nächsten Moment den letzten Nerv. Auch wenn keiner gesagt hat, dass ich jetzt sofort antworten muss. Das ist ja nur mein Anspruch. Ich habe so viel Sollen in mir, so viel Druck. Besser, ich bleibe jetzt alleine, sonst verwandele ich mich gleich in einen wütenden Bären. Grgrgrgrg. Ich bin wütend und weiß gerade nicht mal, warum. Handle with care. Kurz vor dem Explodieren. Während ich auf der Couch liege. Ha! Herrlich! (Not!)

Oder du bist gequält von lauter kreisenden Gedanken, Gedanken, die dich runterziehen, die alles düster darstellen und dich in einen Zustand der Hoffnungslosigkeit und Niedergeschlagenheit versetzen. Auch das kann passieren. In diesem Moment ist es wichtig, nicht alles zu glauben, was dein Gehirn dir an Gedanken anbietet. Auch wenn wir uns sonst sehr, sehr ernst nehmen wollen, in diesem Moment, wenn wir an unserem hormonellen und emotionalen Tiefpunkt sind, fühlt sich das meiste schlimmer an, als es wirklich ist.

WHAT'S COOKING IN THE PRESSURE COOKER?

Biologisch gesehen, stehst du jetzt kurz vor der Menstruation. Deine Hormone sind im freien Fall. Der Druck im Unterleib steigt, die Spannung zwischen diesem körperlichen Druck und der sich in dir aufbäumenden Wut wird immer größer. Du hast das Gefühl, jederzeit platzen zu können. Denn **emotional** bist du zum Bersten gespannt. Alle unbeantworteten Bedürfnisse, die nicht gesetzten Grenzen, die Wut haben sich über den Zyklus (oder auch Jahre) hinweg gesammelt und gestapelt. Bis die Bubble platzt. Durch einen Ausraster. Durch Tränen. Durch kompletten Rückzug. Oder durch die Blutung selbst. Spätestens dann kannst du endlich wieder aufatmen und bist (so in meinem Fall) plötzlich voller Liebe. Alles wieder gut. Keine Ahnung, was noch vor ein paar Stunden mit mir los war.

WORAN DU THE PRESSURE COOKER ERKENNST

- Zero Puffer: Du hast keine Kapazität mehr, irgendetwas abzufedern.
- Alles wirkt zugespitzt: Kleinigkeiten werden zu Dealbreakern.
- Du hast eine extrem kurze Lunte, bist emotional aufgeladen, alles fühlt sich existenziell an.
- Wutanfälle sind an der Tagesordnung, du siehst sie manchmal gar nicht kommen, aus dem Nichts, über alles, über nichts. Oder du weißt genau, wo sie herkommen, und kannst es einfach nicht mehr aushalten. Ein Klassiker im geteilten Haushalt: «Wo ist xx?», «Hast du yy gesehen?». Hallo, Mental Load Overload, und was ist eigentlich daraus geworden, dass erwachsene Menschen (Männer) ihr Gehirn selber benutzen, anstatt unseres wie eine Suchmaschine zu gebrauchen, weil sie zu faul sind?
- Weinen wegen Kleinigkeiten: weil es deinen Lieblingsjoghurt nicht mehr gibt und du nicht exakt bekommst, was du bestellt hast.
- Trennungsgedanken: Plötzlich willst du dich von allem

und jedem trennen, dir fällt alles ein, was dir in der Beziehung, Freundschaft nicht passt.

- Kreisende Gedanken, ärgerliche Gedanken: Du findest keinen Ausweg, und sie rotieren immer weiter, steigern deine Wut und deine Unzufriedenheit.
- Loses Mundwerk: Du hast Bock zu fluchen oder machst das auch und bist hoffentlich nicht beleidigend gegenüber deinen Liebsten geworden (und wenn doch, kann es auch ein Hinweis auf den Pressure Cooker sein ;-)).

WAS DU TUN KANNST:
NOTFALL-TOOLS FÜR THE PRESSURE COOKER

Falls du es geschafft hast, the Pressure Cooker zu erkennen, ist jetzt die Zeit für folgende Maßnahmen. (Mehr Notfall-Tools und SOS-Strategien für schwierige Momente findest du in Kapitel 6.)

- Chatgruppen als «The Vomit» nutzen – alles rauslassen bei Menschen, die es aushalten und dich vielleicht sogar noch anfeuern in diesem Safe Space für deine Wut.
- Hassgedichte schreiben. Ich fand es am Anfang seltsam und habe damit aber ein herrlich befriedigendes Ventil gefunden, meine Aggression und Wut und das Unrecht, das mir geschehen ist, in Worte zu fassen und so für den Moment Ruhe zu finden. Das heißt nicht, dass ich nicht auch noch danach handele, aber später, wenn ich es besser artikulieren kann.
- Sport treiben, bis die Wut raus ist: Laufen, Boxen, Tanzen, Schreien.
- Andere Ventile finden, bevor du was Übles anrichtest (schreiben, Kunst, Bewegung, für jede Person funktioniert was anderes).

- Abstand nehmen, bevor du Dinge sagst, die du bereust. Ich bin in dieser Phase manchmal wie ein wildes Tier und kann trotzdem, wenn ich es erkenne, Abstand nehmen, mich zurückziehen, in aller Ruhe vor mich hin meckern und dann wieder in Marios Arme zurückkehren, ohne dass wir einen Streit haben, den wir erst noch reparieren müssen.
- Einfach mal alle Notifications ausschalten (falls dich das nervt) und die Ruhe bewahren, die anderen können warten, und wir sind nicht jeder Person immer sofort eine Antwort schuldig.
- Klar kommunizieren (oder es ganz sein lassen): «Ich kann gerade nicht.»
- Akzeptieren, dass du voller Spannung bist: Du willst dich verkriechen UND zugleich gehört werden, wütend sein, aber auch weinen und auch chillen und sowieso. Die Spannung wird sich wieder lösen. Versprochen!

Jemanden um Hilfe bitten, deine Gedanken teilen, um Umarmungen bitten. Alles, was dir hilft, dich etwas weniger niedergeschlagen zu fühlen.

Je nachdem, was es bei dir ist, ob Kollabieren oder Explodieren: Vielleicht gehst du heute nicht arbeiten, meldest dich krank, nimmst einen Tag für dich und holst dein Hard Day Protocol raus (siehe Kapitel 6). Ansonsten schau, wem deiner Kolleg*innen du eine Vorwarnung geben kannst, dass dein Mundwerk heute nicht jugendfrei und gefiltert ist. ;-)

DOS & DON'TS FÜR THE PRESSURE COOKER

Dos:

Erkennen, wenn du gerade nicht kommunizieren kannst | Ventile nutzen (Schreiben, Sport, Schreien) | Abstand nehmen, bevor du Dinge sagst, die du bereust | SOS-Tools aus Kapitel 6 nutzen

Don’ts:
Dich für deine Wut entschuldigen | so tun, als wäre alles okay | dich zwingen, zu kommunizieren oder Dinge zu tun, die gerade wirklich nicht gehen

Manchmal hinterlässt the Pressure Cooker Spuren, in Beziehungen, in Jobs, in deinem Leben. Manchmal sagst oder tust du Dinge, die du bereust. Das ist leider ein Teil davon. Vieles lässt sich klären und reparieren. Manches leider auch nicht.

Was du lernen kannst (nicht im Moment, sondern danach):

- the Pressure Cooker zu erkennen, bevor du explodierst
- Ventile zu finden, die weniger zerstörerisch sind
- Menschen um dich zu haben, die aushalten können, dass du gerade nicht okay bist

Erwarte nicht von dir, mitten im Pressure Cooker so weise zu sein. Erwarte nicht, dass es sich sofort wieder gut anfühlt, wenn du es dann erkannt hast. Es fühlt sich scheiße an. Es geht in diesen Momenten nur darum: durchhalten. Durchstehen. Mit dem geringstmöglichen Schaden.
Und wenn alles im roten Bereich ist? Und auch dort bleibt? Vielleicht kommt dir all das hier – Modelle, Phasen, bewusst mit dem Zyklus arbeiten – vor wie eine Fremdsprache? Wenn du so tief im Sumpf drinsteckst, dass du nicht mal mehr weißt, welche Phase du gerade hast? Wenn die Wut so groß ist, dass kein Modell der Welt dir gerade hilft?

Wenn alles, was du gerade schaffst, ist: atmen und irgendwie durch den Tag kommen?
Dann brauchst du keine Theorie. Dann brauchst du keine Zyklusweisheiten. Dann brauchst du etwas anderes: Tools, die dich auffangen. Die dich zurückholen. Die dir helfen, aus dem roten Bereich wieder in einen Zustand zu kommen, in dem du überhaupt in der Lage bist, die Dinge aus diesem Kapitel anzuwenden.
Wenn dein System im Überlebensmodus ist, kannst du nicht auf deine Ressourcen zugreifen. Dann hilft dir kein «Sei achtsam mit deiner Energie» und kein «Nutze die Qualität deiner Phase». Dann brauchst du erst mal eine Rettungsinsel.
Und genau die ist das nächste Kapitel.

6.

SOS-TOOLS FÜR SCHLECHTE TAGE UND SCHWIERIGE MOMENTE

Nobody said it was easy …

Es gibt diese Tage, an denen das Leben schwer wie Blei auf deinen Schultern lastet. Vielleicht befindest du dich in der Lutealphase deines Zyklus und fühlst dich wie eine emotionale Zeitbombe. Vielleicht bist du einfach erschöpft von den Herausforderungen des Lebens oder spürst eine unerträgliche Leere. Diese Tage sind nicht schön, aber sie gehören zum Menschsein. Sie erinnern uns daran, dass wir keine Maschinen sind und dass es vollkommen in Ordnung ist, auch mal nicht zu «funktionieren».

An diesen Tagen brauchst du konkrete Tipps, die dich auffangen. Für genau solche Tage habe ich zwei Dinge für dich. Das Hard Day Protocol und einige Körperübungen. Beide sind als Rettungsringe und Brücken zu nachhaltigeren Ressourcen gedacht, keine Dauerlösungen. Sie helfen dir, schwierige Momente zu überbrücken, bis du wieder genug Kraft hast, um weiterzuschwimmen. Es geht darum, dir in diesen schweren Momenten Mitgefühl zu schenken und dich so zu stabilisieren, dass du dich wieder für langfristige Ressourcen öffnen kannst. Denn, sorry not sorry, Netflix und Pizza sind auf Dauer keine Lösung – auch wenn sie an einem harten Tag Wunder wirken können. ;-)

HARD DAY PROTOCOL

Das Hard Day Protocol habe ich bei der wunderbaren Maisie Hill kennengelernt. Das Ziel dieses Tools ist es, dich zu entlasten, die Scham zu lösen und in einen Zustand zu kommen, in dem du wieder bereit bist, dich um dich selbst zu kümmern. Das Hard Day Protocol ist keine klassische Liste von Selbstfürsorge-Ritualen, die dich möglichst schnell wieder «funktionstüchtig» machen sollen. Es ist eine radikale Einladung, dich so anzunehmen, wie du dich gerade fühlst, ohne Kritik, ohne Druck. Es schickt dir die Botschaft: «Es ist okay, dass du heute nicht okay bist. Es darf schwer sein.»

WIE FUNKTIONIERT DAS HARD DAY PROTOCOL?

Du erstellst eine Liste mit Dingen, die du ohnehin tust, wenn du dich schlecht fühlst. Es geht nicht darum, perfekt zu sein, sondern ehrlich. Dein Hard Day Protocol könnte zum Beispiel so aussehen:

- den Tag im Bett verbringen und Netflix schauen,
- Snacks essen, ohne auf «gesund» zu achten,
- dich bei einer engen Freundin ausheulen.

Diese Liste ist dein persönlicher Notfallplan, kein Selbstoptimierungs-Guide, der dich «besser» machen soll. Sie erinnert dich daran, dass es völlig in Ordnung ist, einfach nur durch den Tag zu kommen, wenn nichts anderes möglich ist.

WARUM IST DAS HARD DAY PROTOCOL SO WIRKUNGSVOLL?

An schlechten Tagen neigen wir oft dazu, besonders hart mit uns selbst ins Gericht zu gehen: «Warum schaffe ich nichts?»

oder: «Warum fühle ich mich so schlecht?». Diese Gedanken verstärken den Druck und halten uns in einem Kreislauf aus Scham und Erschöpfung gefangen.

Das Hard Day Protocol durchbricht diesen Kreislauf, indem es genau diese «faulen» oder «unproduktiven» Verhaltensweisen zur Norm erklärt. Du folgst einem Plan – *deinem* Plan. Dadurch fühlst du dich nicht mehr schuldig oder wertlos, sondern unterstützt und getragen.

Hier ein Vergleich, um den Unterschied zwischen Selfcare Protocol und Hard Day Protocol zu verdeutlichen:

SELFCARE PROTOCOL	HARD DAY PROTOCOL
Ziel: Wohlbefinden steigern, proaktiv für sich sorgen	**Ziel:** Scham und Selbstkritik reduzieren
Yoga oder Meditation praktizieren	Im Bett liegen und Netflix schauen
Einen Spaziergang in der Natur machen	Die Vorhänge zulassen oder zumachen
Eine gesunde, hausgemachte Mahlzeit kochen	Tiefkühlpizza, Snacks oder Bestelldienst
Tagebuch schreiben oder Gedanken sortieren	Sich bei einer Freundin ausheulen
Ein Bad mit ätherischen Ölen nehmen	Die Dusche auslassen, erst abends Zähneputzen
Dankbarkeitslisten schreiben	Sich erlauben, sich selbst zu bemitleiden
Social-Media-Detox einlegen	Viiiieeel Zeit auf Social Media

Okay, bist du bereit für dein eigenes Hard Day Protocol? Nimm dir 10 Minuten Zeit, schnapp dir einen Stift oder deine Notizen-App und lass uns loslegen.

1. VERSTEHEN, WORUM ES GEHT & BEFREIEND EHRLICH SEIN

Das Ziel des Hard Day Protocols ist es nicht, schwierige Tage zu «verbessern» oder zu «fixen». Es soll dir erlauben, schwierige Momente ohne zusätzliche Scham oder Selbstkritik zu überstehen. Das bedeutet auch: Halte es einfach, simpel und eventuell auch schnell hingekritzelt. Du darfst hier wirklich ganz pragmatisch vorgehen. Es sei denn, du bist Team Kreativ-Queen, dann kannst du natürlich hier auch ausrasten. ;-) Das hier ist deine Einladung, so richtig befreiend ehrlich mit dir selbst zu sein: Was tust du sowieso an einem schlechten und schwierigen Tag? Vielleicht mit deinem Freund über WhatsApp streiten? Dich krankmelden? Bingewatchen? Let's go!

So kann das aussehen:

- nach dem Aufstehen erst mal weinen und zweifelnde Gedanken haben
- stundenlang auf Social Media scrollen und Katzenvideos anschauen
- im Bett liegen und alte Serien schauen
- viel Kaffee trinken und Mahlzeiten auslassen
- snacken ohne Ende
- mit meinem Partner streiten
- ...

Füge als Erinnerung über oder unter der Liste hinzu: «Das ist okay. Das ist mein Plan für schwierige Tage.»

Optional: Selbstfürsorge als Bonus

Wenn du möchtest, kannst du in Klammern «Bonus-Aktivitäten» notieren. Das sind Dinge, die du vielleicht trotzdem schaffst, wie z. B. die Vorhänge öffnen oder fünf Minuten an die frische Luft gehen. Aber denk bitte dran: Das sind Bonuspunkte, keine Muss-Aktivitäten! Manchmal fällt es uns plötzlich leicht, wenn wir radikal alles akzeptieren, z. B. doch an die frische Luft zu gehen. Aber wie gesagt, das hier ist wirklich optional!

2. FINDE EINEN PLATZ FÜR DEINE LISTE

Halte die Liste griffbereit. Ob als Notiz im Handy, in deinem Journal, in einer Notfallbox oder als Zettel am Kühlschrank – Hauptsache, sie ist im Ernstfall leicht zugänglich für dich. Wenn du magst und dich damit wohlfühlst, kannst du auch deine Mitmenschen darüber informieren, dass du diese Liste für dich hast. Sie können dich liebevoll daran erinnern, falls du in einem schwierigen Moment nicht dran denkst. Du glaubst nicht, wie oft ich anfangs mein Hard Day Protocol vergessen habe und froh war, dass Mario es mir einfach vorbeigebracht hat.

3. REGELMÄSSIG ÜBERPRÜFEN

Dein Hard Day Protocol darf sich mit dir verändern. Stell dir z. B. eine Erinnerung für eine Zyklusphase ein, in der es dir in der Regel gut geht, und schau alle paar Monate mal nach,

ob die Liste noch passt und für dich funktioniert. Vielleicht hast du neue Dinge entdeckt? Oder gemerkt, dass etwas so gar nicht funktioniert?
Zeit für ein Update.
Das Hard Day Protocol ist Selbstliebe in Aktion. Es zeigt dir, dass du auch an deinen dunkelsten Tagen wertvoll bist. Dass du immer wertvoll bist. Es erinnert dich daran, dass du dir selbst die Erlaubnis geben kannst zu pausieren. Und das ist nicht nur in Ordnung, es ist dringend notwendig für deine (mentale) Gesundheit.

KÖRPER-NOTFALL-TOOLS

Manchmal bist du so tief drin in dem ganzen Scheiß, dass Denken nicht mehr hilft. Vielleicht bist du so aufgebracht, dass du am liebsten schreien oder etwas durch die Gegend werfen würdest. Oder du fühlst dich wie in einem Film gefangen, aus dem du nicht mehr rauskommst, alles fühlt sich weit weg an, du findest den Ausgang nicht mehr. An solchen Punkten ist es Zeit, den Körper ranzulassen. Dein Körper reagiert auf ganz konkrete Reize, und genau das kannst du dir zunutze machen.

Das Entscheidende ist: Je nachdem, wie es dir gerade geht, brauchst du unterschiedliche Dinge.

SCHNELLE TECHNIKEN FÜR VERSCHIEDENE ZUSTÄNDE

Wenn du total aufgebracht bist (kurz vorm Platzen, innerlich kochend):

Do that stupid walk: Ja, wirklich. Geh raus, mach einen Spaziergang, egal wie kurz, egal wie unglamourös. Bewegung hilft deinem Gehirn, auf andere Gedanken zu kommen und tatsächlich in andere Zustände zu wechseln. Move body, move brain.

Shaking: Schüttle deinen Körper. Stell dich hin und schüttle deine Arme, deine Beine, deinen ganzen Körper, wie ein nasser Hund. Das ist eine uralte Methode, um Stress und aufgestaute Energie abzubauen. Tiere machen das instinktiv nach einer Bedrohung, das hast du schon oft gesehen. Probier es für 1 bis 2 Minuten aus.

Starke sinnliche Reize: Kaltes Wasser ins Gesicht, eine eiskalte Dusche (oder nur die Unterarme unter kaltes Wasser halten). Scharfe Reize holen dich zurück ins Hier und Jetzt. Es kann also auch der Biss in eine Zitrone sein. ;-)

Wenn du wie unter einer Glasglocke bist (taub, leer, wie von dir selbst abgeschnitten):

Sanfte Berührung: Streich dir langsam mit den Händen über die Oberarme (von den Schultern zu den Ellenbogen), über dein Gesicht oder über deine Handflächen. Diese sanfte Selbstberührung kann dir helfen, dich wieder zu spüren.

Warme Dusche oder Bad: Wenn alles wie taub ist, kann Wärme helfen, wieder bei dir und im Hier und Jetzt anzukommen. Nimm dir Zeit dafür.

Sinne wecken: Schau dich um und benenne fünf Dinge, die du siehst. Dann vier Dinge, die du hörst. Drei Dinge, die du spürst (z. B. deine Füße auf dem Boden). Zwei Dinge, die du riechst. Ein Ding, das du schmeckst. Das holt dich Schritt für Schritt zurück.

Das Wichtigste: Erlaube dir zu experimentieren.
Nicht jedes Tool funktioniert für jeden Menschen oder in jeder Situation. Probier aus, was sich für dich stimmig anfühlt. Und wenn gar nichts geht? Dann ist auch das okay. Dann greifst du auf dein Hard Day Protocol zurück und hältst einfach nur durch.
Mir ist wichtig, dabei trotzdem die langfristige Perspektive nicht zu vergessen. Das Hard Day Protocol und die Körperübungen in diesem Kapitel sind Tools, die als Brücke zur Stabilität fungieren können, also als ein erster Schritt, um wieder bei dir selbst anzukommen. Doch sie bleiben Notfall-Tools. Langfristig geht es darum, andere nachhaltigere Ressourcen zu entwickeln, die dir helfen, deinen Zyklus und dein Leben mit mehr Leichtigkeit zu erleben. Mit der Zeit kannst du Werkzeuge und Strategien integrieren, die dir helfen, schwierige Phasen abzufedern, bevor sie eskalieren. Und eine Sache, die dir dabei ungemein helfen kann, ist das Zyklustracking.

WENN NICHTS MEHR HILFT: DU MUSST DAS NICHT ALLEINE SCHAFFEN

PMDS, Depressionen und mentale Tiefs sind keine persönlichen Defizite, sondern körperliche Erscheinungen, die genauso ernst genommen werden müssen wie Knochenbrüche. Sie brauchen die gleiche gute Versorgung, denn sie alle können lebensbedrohlich werden, insbesondere wenn der Schmerz nicht ernst genommen wird.
Wenn du dich über längere Zeit hoffnungslos fühlst, suizidale Gedanken hast oder das Gefühl hast, dass du nicht mehr weiterweißt, hol dir bitte professionelle Hilfe. Das ist total okay.

Das ist kein Scheitern, und die Anlaufstellen sind für genau diese unglaublich verzweifelten Momente da.

Hier sind wichtige Anlaufstellen:

Telefonseelsorge (kostenlos, anonym, 24/7):
0800 111 0 111 oder 0800 111 0 222
www.telefonseelsorge.de

Nummer gegen Kummer (für Kinder, Jugendliche und Eltern):
116 111 (Kinder und Jugendliche)
0800 111 0 550 (Eltern)

Info-Telefon Depression (bundesweit):
0800 3344533

Das Hilfetelefon «Gewalt gegen Frauen»: ein bundesweites Beratungsangebot für Frauen, die Gewalt erlebt haben oder noch erleben. Unter der Nummer **116 016** und via Onlineberatung unter hilfetelefon.de.

Sozialpsychiatrischer Dienst: In jeder Stadt gibt es einen sozialpsychiatrischen Dienst, der dich kostenlos berät und unterstützt. Google einfach «Sozialpsychiatrischer Dienst + [deine Stadt]».

Notfall: Wenn du in akuter Gefahr bist, ruf den Notruf 110 oder 112 oder geh in eine psychiatrische Notaufnahme.

Und wenn du gerade für jemand anderen liest, weil du dir Sorgen machst:

Nimm die Person ernst. Hör zu. Sei da. Und hilf ihr, professionelle Unterstützung zu finden, indem du z. B. einen Termin vereinbarst (natürlich nur mit der Zustimmung der Hilfe suchenden Person) oder anbietest, sie zu einem Gespräch zu begleiten. Das sind keine kleinen Dinge, sondern Maßnahmen, die Leben retten können und einen Riesenunterschied machen, auch wenn du dir das nicht vorstellen kannst.

7.

ZYKLUSTRACKING. DAS TOOL, DAS MEIN LEBEN GERETTET HAT. 60 SECONDS TO CHANGE YOUR LIFE

Zyklustracking hat mein Leben und meine Ehe gerettet. Das mag dramatisch klingen, doch für mich markierte dieses unscheinbare Werkzeug einen echten Wendepunkt. Sind es nicht oft die einfachsten Dinge, die transformative Kraft besitzen? Genau so ein Powertool ist Zyklustracking: kostenlos, unkompliziert und sofort im Alltag anwendbar.
Ohne Zyklustracking – also das tägliche Notieren von Stimmung, kognitiven Fähigkeiten und körperlicher Energie – hätte ich bis heute wahrscheinlich keine PMDS-Diagnose. Vielleicht wäre ich in der Psychiatrie gelandet, würde Medikamente für eine vermeintlich bipolare Störung nehmen und hätte mit Nebenwirkungen zu kämpfen. Vielleicht wäre meine Ehe zerbrochen, ich hätte nicht dieses schöne Leben, diese Verbindung zu mir selbst, oder wäre im schlimmsten Fall gar nicht mehr hier.
Aber: So dramatisch muss es gar nicht erst gekommen sein, um massiv vom Zyklustracking zu profitieren. Selbst bei alltäglichen Wehwehchen oder leichten Stimmungsschwankungen kann es schon einen riesigen Unterschied machen. Das bestätigen mir auch immer wieder die Teilnehmer*innen meiner Coachings: Für viele markierte das Tracking genau den Punkt, an dem sich das große Puzzle plötzlich zusammengesetzt hat.
Echt jetzt, Franzi? Jeden Tag irgendwas tracken? Ich schaffe ja eh kaum meine To-dos. Ich hab doch schon eine App, was soll das noch bringen? Das sind vielleicht deine ersten Gedanken, wenn du das liest. Versteh ich total, ging mir anfangs genauso.
Was, wenn dir dieses tägliche Aufschreiben hilft, endlich zu

verstehen, warum du dich manchmal plötzlich überfordert, traurig oder gereizt fühlst – oder dich fragst: *Was stimmt heute nicht mit mir?*

In diesem Kapitel zeig ich dir, warum Zyklustracking kein Wellness-Gimmick ist, sondern ein ziemlich mächtiges Tool, das dir hilft, dich selbst im Alltag besser zu verstehen. Du bekommst einen Überblick, wie's geht (Spoiler: Es muss nicht kompliziert sein und auch nicht länger als 60 Sekunden dauern), was typische Hürden sind und wie du sie meistern kannst.

Außerdem ist Zyklustracking Stand heute essenziell für die Diagnose von PMDS. Ohne das Tracking von 2 bis 3 deiner Zyklen gibt es keine verlässliche Diagnose.

In fast einem Jahrzehnt Zyklustracking und unzähligen Gesprächen mit meinen Kundinnen habe ich immer wieder dieselben Muster gesehen. Die meisten durchlaufen beim Einstieg in das Tracking fünf Phasen. Diese stelle ich dir jetzt vor. Kleiner Reminder: Es ist völlig in Ordnung, wenn du manche

Die fünf Phasen des Zyklustrackings

Phasen überspringst, sie in anderer Reihenfolge erlebst oder vielleicht gar nicht. Here we go.

PHASE 1: ICH TRACKE MEINEN ZYKLUS, HOW HARD CAN IT BE?

Zyklustracking ist sehr viel mehr, als nur aufzuschreiben, wann du deine Blutung hast. In meinen Coachings und Workshops ist das ein häufiges Missverständnis, das wir gleich zu Beginn aus dem Weg räumen. Dein Zyklus ist so viel mehr als nur deine Menstruationsblutung. Und vor allen Dingen ist dein Zyklus so viel mehr, als nur die Momente wahrzunehmen, in denen etwas schiefläuft.

Schon klar, dass wir besonders aufmerksam werden, wenn wir Schmerzen haben oder Leidensdruck. Abgesehen davon, dass Schmerzen eine sehr laute Body Notification sind, die bitte unbedingt Aufmerksamkeit braucht, können wir hier mal unseren sogenannten Negativity Bias begrüßen. Hi!

Der Negativity Bias beschreibt die Tendenz unseres Gehirns, negative Erfahrungen, Gedanken oder Reize stärker wahrzunehmen und zu gewichten als positive – einfach weil sie potenziell «gefährlicher» sind. Evolutionär sinnvoll, aber im Alltag oft nervig (und manchmal auch irreführend). Unser Gehirn ist also darauf programmiert, Problemen und Schwierigkeiten die meiste Aufmerksamkeit zu geben, um unser Überleben zu sichern. Der Rest soll bitte einfach funktionieren. Schon klar: Am besten wäre natürlich, wir hätten gar keine Probleme, kein Drama und würden einfach jeden Tag gleich funktionieren.

Doch wenn wir den Fokus nur auf die Probleme richten, über-

sehen wir etwas Wunderbares: Wir haben verdammt viele Superpowers. Tage, an denen uns bestimmte Dinge leichtfallen, wir voll im Flow sind, klar denken, schnell entscheiden, kreativ sind. Und genau diese Tage wollen wir besser kennenlernen, damit wir sie bewusst nutzen können.
Außerdem behaupte ich: **Es wird dringend Zeit, dass der Zyklus sein schlechtes Image loswird.** Zyklustracking ist der Schlüssel, um uns zu zeigen, dass der Zyklus nicht nur Ärger macht, sondern eine echte Ressource sein kann – für dein Leben, deine Liebe, deine Arbeit. Und zwar nicht um den Körper noch effizienter zu machen. Sondern um mit ihm ein Team zu sein. Wie mit einer guten Freundin. Als Sparringspartner*in. Denn dein Körper ist sowieso immer da, warum also nicht eine bessere Beziehung zu ihm pflegen? Warum nicht eine gute Zeit zusammen haben?

WAS IST ZYKLUSTRACKING, UND WIE FUNKTIONIERT DAS ÜBERHAUPT?

Zyklustracking (oder Zyklustagebuch) bedeutet: Du hältst täglich fest, wie es dir emotional, mental und körperlich geht. Und zwar so, dass du am Ende nicht nur Symptome sammelst, sondern wirklich verstehst, was dein Körper dir erzählt und wie du funktionierst. Nicht im Sinne von wie eine «Maschine» funktionieren, sondern im Sinne von: Was brauchst du wann? Was tut dir gut? Welche Muster kannst du entdecken?
Ich empfehle dafür die Ein-Wort-Methode. Dafür schreibst du jeweils pro Ebene (Gefühl, Gedankenwelt, Körper) ein Wort auf, das dein Erleben an dem Tag am besten beschreibt. Das ist simpel und effektiv, auch wenn es am Anfang etwas Übung

erfordert. Du kannst mit diesen drei Kategorien arbeiten oder dir noch jede Menge andere aussuchen, die für dich relevant sind (Energielevel, Schlafqualität, Ernährung etc.). Mit der Ein-Wort-Methode trainierst du deine Wahrnehmung, statt dich in Details zu verlieren.

Das sieht z. B. so aus:
Zyklustag 14: fröhlich, konzentriert, energiegeladen
Zyklustag 23: genervt, wütend, klar, schlapp, viel liegen und sitzen wollen

Und womit und wie genau mache ich das jetzt, Franzi? Genau so, wie es zu dir passt:

- im Notizbuch oder Bullet Journal
- in einer Excel-Tabelle
- mit meiner Zyklustabelle (siehe QR-Code am Ende des Buches)
- mit einer App

Mein Tipp, eigentlich sogar meine dringende Bitte, vor allem für den Anfang: Nutze Stift und Papier oder eben eine meiner Vorlagen (den QR-Code dazu findest du am Ende des Buchs), die dir nicht nur fixe Kategorien vorgeben, sondern Raum für deine eigenen Beobachtungen lassen.
Apps sind praktisch, keine Frage. Dennoch geben sie nur vordefinierte Kategorien und Emotionen vor, wodurch du eingeschränkt bist und verleitet, nicht ganz frei zu beobachten. Zyklustracking bedeutet jedoch, dein individuelles Erleben in eigenen Worten zu beschreiben, besonders wenn es um mentale Gesundheit geht oder um eine nachhaltige, positive Beziehung zu deinem Zyklus. Das kostet anfangs vielleicht

mehr Mühe, ist aber eine Investition in dich und deinen Alltag mit Zyklus, die sich auf lange Sicht auszahlt. Ich spreche hier nicht von allgemeinen Symptomen wie Blähungen oder Kopfschmerzen – dafür sind Apps und ihre Algorithmen hervorragend geeignet.

Es geht darum, die Fähigkeit zu entwickeln, deine Körperzeichen und deine Stimmung eigenständig wahrzunehmen und zu verstehen. Nur so kannst du daraus wertvolle Erkenntnisse und konkrete Handlungen für deinen Alltag ableiten. Hinzu kommt, dass viele Apps unübersichtlich sind – um deine eigenen Muster wirklich zu erkennen, ist eine persönliche Liste viel sinnvoller. Mir geht es darum, dass du wirklich etwas lernst, das dir niemand mehr nehmen kann.

Ich kann aus eigener Erfahrung sprechen: Ich benutze seit Jahren verschiedene Apps, habe zahlreiche auf Herz und Nieren getestet – bislang konnte keine App das leisten, was dir das Tracking mit einer eigenen Liste ermöglicht. Für Planung und Organisation nutze ich Apps natürlich trotzdem gern, darin sind sie unschlagbar hilfreich (die Kalenderübersicht hilft mir beim Ausrechnen meiner nächsten Blutung sehr). Doch um die eigene Sprache für deinen Zyklus zu finden und dich nicht auf vorgegebene Muster zu beschränken, ist der Weg über die eigene Dokumentation der nachhaltigste.

Der Check-in kann 15 Sekunden dauern oder 15 Minuten, je nachdem, was du brauchst. Wichtig ist nicht, wie ausführlich du schreibst, wie viel Zeit du dir nimmst, sondern dass du es machst und dranbleibst. Regelmäßig. Nicht perfekt. So wie es für dich gut passt.

Dafür ist es wichtig, herauszufinden, welche Methode des Zyklustrackings für dich gut funktioniert und dir liegt. Denn: **Das beste Tracking ist das, das du machst.** Das bedeutet durchaus, am Anfang etwas zu experimentieren und unterschiedliche Methoden auszuprobieren. Mach dich nicht fertig, wenn du merkst, dass eine Methode dir nicht liegt. Sei nachsichtig mit dir und probiere eine andere Methode, ein anderes Medium, und du wirst sehr schnell merken, was dein Ding ist. Probier ruhig ein bisschen rum: Funktioniert ein Zyklustagebuch abends nach dem Zähneputzen für dich? Oder brauchst du das Zyklusrad ausgedruckt und sichtbar an die Wand gehängt, damit du daran denkst? Oder doch die Excel-Liste, die du auf dem Handy nach der Arbeit ausfüllst?

Drei Tipps, die ich dir ans Herz legen möchte:

- Dein Zyklus ist **dein** Zyklus. Vergleich dich nicht.
- Fang einfach an! Du musst keine perfekte Methode haben, die findest du erst mit der Zeit und durchs Machen.
- Bleib die ersten drei Monate analog. Lern dich erst mal ohne Vorgaben kennen.

Hab ich dir eigentlich schon BoB vorgestellt? Der begleitet mich schon lange und kann dir auf deiner Tracking-Reise helfen. Nein, es ist nicht der bekannte Baumeister, sondern eher eine Art Zen-Meister: BoB steht für «Beobachten, ohne zu bewerten» (Shoutout an meine Lehrcoachin Karin, die mir BoB vorgestellt hat). BoB hilft uns dabei, ganz neugierig die Daten zu sammeln, zu schauen, was da ist, ohne es zu verurteilen oder auch vorschnell Schlüsse zu ziehen. BoB ist immer offen, neugierig und wertet wirklich gar nicht, er ist bloß an den Daten interessiert. Alles, was du aufschreiben kannst, liebt BoB. Obwohl, Moment, das ist ja auch schon eine Bewertung. Na ja, du weißt, was ich meine, oder?
Anstatt in den negativen Gedanken festzuhängen, fragen wir

uns vielleicht lieber liebevoll nach der Ursache: «Gab es etwas, das mich heute traurig gemacht hat?» Das darf alles da sein. Es ist okay, traurig zu sein. Wer weiß, was der nächste Tag bringt. Was brauchst du denn heute noch Liebes? Du siehst, es geht nicht darum, nicht ernst zu nehmen, was wir fühlen, sondern neugierig zu sein. Im Tracking wird das Ganze noch nicht bewertet, sondern erst mal gesammelt.
Das war die lange Version von: Versuche wirklich, mit ganz viel Offenheit und Neugierde an dein Tracking und deine täglichen Check-ins zu gehen. Wir sind in diesem Stadium des Trackings auf einer Forschungsexpedition und total heiß drauf, Daten zu sammeln, die uns erste Erkenntnisse geben.
Das muss nicht trocken sein und sich nach Pflichtprogramm anfühlen, es darf auch ganz spielerisch aussehen und gestaltet werden. Vielleicht macht es dir ja Bock, jeden Abend nach dem Zähneputzen deine innere Zyklus-Lupe zu zücken und mal nachzuschauen: Welche körperliche Energie war heute dominant? Wie sah meine Gedankenwelt aus, und wie ging es mir emotional?
Denn das Beste am Tracking ist: Es wird mit dir wachsen. Dein Datensatz ist dein Wissensschatz, den du Stück für Stück hebst. Und diese Daten sind pures Gold für die Gestaltung deines Lebens und deiner mentalen Gesundheit im Zyklus.

Vielleicht hast du gehofft, ich sag dir hier easy, wie es geht, und dann kannst du das machen und rasch abhaken. Ähm, sorry, not sorry, ich kann dir leider keine perfekte Lösung servieren, obwohl ich sie mir auch oft gewünscht hätte. Aber vielleicht ist das genau das Schöne an diesem Prozess: Du entwickelst eine aufmerksame und stärkende Beziehung zu dir und deinem Körper. Mit Höhen und Tiefen. Aber auch mit richtig viel Erkenntnis und Körperweisheit.

PHASE 2: GUTE GRÜNDE FÜRS TRACKING UND WIE DU DEINEN PERSÖNLICHEN GRUND FINDEST

Okay, nächstes Level. Du hast total motiviert losgelegt und zeichnest deinen Zyklus und dein Befinden fleißig jeden Tag auf. Vielleicht ist dir aber auch hier und da ein Tag entwischt. Du bist an Bord, merkst, dass die freudige Motivation der ersten Tage und der Reiz des Neuen etwas abgeklungen sind, deine Methode vielleicht noch nicht ideal für dich ist, und du fragst dich zwischendrin, ja, okay, ich zeichne ja alles auf, aber bringt das überhaupt was? Oder auch: Wann bringt das endlich was?

Willkommen in Phase 2, dem Bereich auf deiner Reise, der ein bisschen unklar sein kann und sich vielleicht wackelig anfühlt. Nach der ersten Begeisterung und dem Momentum, das du durch den Start deines Trackings gebildet hast, geht es jetzt darum, noch mal zu verankern: Warum machst du das eigentlich? Wie bei jedem Training – und Zyklustracking ist ein Wahrnehmungstraining – brauchst du dein großes, persönliches WARUM. Das hilft dir durchzuhalten, auch wenn es mal schwierig wird. Damit meine ich nicht irgendeinen plakativen Motivationsspruch, sondern ein echtes inneres Ziel, das dich wirklich antreibt. Eines, das dich selbst dann überzeugt, wenn du auf nichts Lust hast, alles anstrengend erscheint und du dich fragst: «Wozu das Ganze überhaupt?»

Ein Beispiel: Ich habe oft keine Lust, zum Yoga zu gehen. Trotzdem habe ich es noch nie bereut und fühle mich danach jedes Mal besser. Unsere Muskeln bauen sich schließlich nicht einmal auf und bleiben dann automatisch stark – sie wollen immer wieder trainiert und gepflegt werden. Wenn ich regelmäßig Sport mache, spüre ich weniger Verspannungen in den Schultern, fühle mich wohler, bleibe beweglich und tue was für ein mobiles Alter. Und das ist der Grund, warum ich trotz Lustlosigkeit immer wieder hingehe.

Genau das gleiche Prinzip gilt fürs Tracking: Nur liegt der «Muskel» dabei im Kopf. Mit jedem Eintrag trainierst du deine Selbstwahrnehmung und Selbstkenntnis. Du stärkst das Bewusstsein für dich selbst, lernst, gelassener mit starken Emotionen umzugehen, bekommst Klarheit über deine Bedürfnisse und findest für dich passende Wege im Umgang mit Schmerzen, PM(D)S und anderen zyklischen Herausforderungen.

WARUM DEIN WARUM SO WICHTIG IST

Wenn du dir eine neue Gewohnheit aneignen willst – wie z. B. deinen Zyklus regelmäßig zu tracken –, brauchst du mehr als guten Willen oder einen hübschen Habit Tracker. Du brauchst ein Ziel, das dich wirklich überzeugt. Eines, das nicht nur logisch klingt, sondern sich emotional richtig anfühlt und dich von innen heraus antreibt. In der Psychologie nennt man das intrinsische Motivation. Laut der Selbstbestimmungstheorie von Edward Deci und Richard Ryan aus den 1980er-Jahren bleiben wir dann besonders gut an einer Sache dran, wenn sie für uns bedeutsam, selbstbestimmt und sinnvoll ist. Wenn wir also nicht tracken, *weil man das jetzt halt so macht*, sondern weil wir spüren: *Das ist meins. Das bringt mir was. Das will ich verstehen*, halten wir länger durch. Klar, oft starten wir mit extrinsischer Motivation, z. B. weil der Leidensdruck durch PMS oder PMDS groß ist. Und das ist total legitim. Ich habe auch damit angefangen, um herauszufinden, ob mein Leid mit dem Zyklus zusammenhängt. Doch um eine neue Praxis wie das tägliche Tracking wirklich dauerhaft in dein Leben zu integrieren, braucht es mehr. Neurobiologisch lässt sich das auch erklären: Nur wenn du dein Ziel mit etwas Positivem, Bedeutsamem verknüpfst, entsteht Dopamin – ein Neurotransmitter, der Motivation, Lernfähigkeit und Durchhaltevermögen fördert. Je klarer du also spürst, wofür oder warum du etwas machst, desto leichter wirst du dranbleiben. Und desto eher wird aus dem Tracking eine Praxis, die dich stärkt, statt zu nerven.

Neben der intrinsischen Motivation gibt es noch einen weiteren entscheidenden Aspekt, der beim Aufbau einer neuen Gewohnheit oft unterschätzt wird: die ständige Präsenz von Ablenkungen. Gerade deshalb ist es so wichtig, dass dein *Warum* wirklich klar und spürbar ist. Denn ohne dieses innere Fundament werden wir in einer Welt, in der unsere Aufmerksamkeit permanent von Benachrichtigungen, Nachrichten und To-dos beansprucht wird, leicht wie eine Feder im Wind hin und her gewirbelt und abgelenkt.

Wir leben in der Aufmerksamkeitsökonomie: Überall blinkt, piept, lockt und fordert etwas unsere Zeit und Konzentration. Kein Wunder also, dass es vielen schwerfällt, an einer neuen Gewohnheit auf Dauer dranzubleiben.

Studien zeigen: Wer seine Ziele emotional verankert, hält besser durch. Es reicht nicht, nur deshalb zu tracken, weil irgendwer es empfiehlt. Es braucht das persönliche Gefühl: «Ich will meinen Körper wirklich verstehen. Ich will mich selbst ernst nehmen. Ich will wissen, was in mir vorgeht.» Gerade in Zeiten, in denen wir scheinbar alle Optionen haben und niemand uns strenge Regeln vorgibt, ist es umso wichtiger, dass das eigene Tun Sinn macht und sich echt anfühlt.

Und genau darin liegt der Schlüssel: Erst wenn du dein Tracking als etwas erlebst, das dir gehört, das dich stärkt und dir tatsächlich etwas bringt, wird daraus eine Gewohnheit, die dir bleibt.

WARUM SICH TRACKING LOHNT

Vielleicht weißt du schon, was dein *Warum* ist. Vielleicht brauchst du noch etwas Inspiration. Hier kommt eine Auswahl an guten Gründen fürs Tracken:

Du wirst Expert*in für deinen Körper: Du erkennst Muster, verstehst Zusammenhänge und baust Vertrauen zu dir auf – die beste Grundlage für Veränderung.

Frühes Erkennen deiner Bedürfnisse: Du kannst sensiblere und kraftvollere Phasen besser einordnen und für dich sorgen, statt erst auf Druck zu reagieren.

Mentale Gesundheit stärken: Du lernst, dich auf zyklische Muster einzustellen, um emotionale Tiefs besser vorzubereiten und gelassener zu meistern.

Klarere Kommunikation und Grenzen: Zykluswissen hilft dir, realistisch zu planen, dich nicht zu überfordern und deine Bedürfnisse auch im Job sicher zu vertreten.

Mehr Sanftheit und Individualität: Egal ob neurodivergent, Care-Arbeit oder queerer, trans oder nicht-binärer Körper, du findest deinen ganz eigenen Rhythmus und kannst damit arbeiten.

Handlungsfähigkeit und Selbstbestimmung: Aus Unsicherheit wird Orientierung, du sitzt selbst am Steuer deines Lebens und triffst Entscheidungen, die dir guttun.

Ernst genommen werden: Mit eigenen Daten wirst du bei Ärzt*innen ernster genommen und im Idealfall besser unterstützt.

Familie und Alltag meistern: Besonders als (Co-)Elternteil hilft Tracking, dein Energielevel zu planen und Selbstschutz zu praktizieren.

TOOL: FINDE DEIN PERSÖNLICHES WARUM

Jetzt hast du viele gute Gründe gelesen, aber was ist deiner? Was treibt dich wirklich an, regelmäßig zu tracken? Was wünschst du dir von dieser neuen Praxis? Diese kleine Übung hilft dir, dein ganz persönliches *Warum* zu entdecken. Nimm dir 10 Minuten oder mehr, schnapp dir Stift und Papier und beantworte die Fragen so ehrlich wie möglich. Du musst auch nicht alle Fragen nehmen, pick dir raus, was dich anspricht und anregt.

- Was hat mich zu diesem Buch, diesem Kapitel, diesem Thema geführt?
- Was erhoffe ich mir davon, meinen Zyklus besser zu verstehen?
- Was würde sich in meinem Alltag verändern, wenn ich wüsste, was wann auf mich zukommt?
- Was wünsche ich mir im Umgang mit mir selbst – gerade in den schwierigen Phasen?
- Wie würde sich mein Leben anfühlen, wenn ich mich selbst früher verstehen und besser halten könnte?
- Was möchte ich loslassen und was stattdessen kultivieren?
- Welche Stimmen in mir sagen: «Das bringt eh nichts», und was könnte ich ihnen antworten?
- Wenn mein Körper eine Freundin wäre, wie würde ich gerne mit ihr sprechen, wie für sie da sein?

Aus diesen Antworten kannst du dann deine Motivation ableiten. Sie wird sich vermutlich beim Reflektieren sehr deutlich zeigen. Schreib dir dein *Warum* in einem Satz auf und hänge ihn dir an den Spiegel, klebe ihn in dein Zyklustagebuch, füge ihn in deine Liste ein, sodass du ihn immer siehst, wenn du es machst.

PHASE 3: WIE DU DRANBLEIBST MIT HABIT STACKING & CO.

Du kennst dein *Warum*, bist seit zwei Zyklen ziemlich konsistent am Start, und trotzdem schleicht sich dieser Gedanke ein: «Na toll, ich tracke seit Wochen, warum hab ich denn immer noch Probleme?»
Oder du schaust auf dein Tracking Sheet und merkst: huch. In der ersten Zyklushälfte gähnende Leere oder mindestens ein paar deutliche Lücken. Aber rund um die PM(D)S-Zeit, da gibt's richtig viele Einträge, und dein Tracking sieht aus wie ein Daten-Tagebuch aus dem Forschungsinstitut für Stimmungsschwankungen.
Statt dich selbst dafür zu verurteilen, dass du mal zwei Tage (oder länger) nix eingetragen hast, mach lieber sanft weiter. Und vor allem: Gib nicht auf, denn auch ohne komplette Notizen hilft dir dein Tracking weiter. Das ist All-or-nothing-Denken mit 'ner Prise Perfektionismus und viel zu hohem Anspruch an dich selbst. Medikamente setzt du ja auch nicht komplett ab, bloß weil du einmal die Einnahme vergessen hast.
Noch mehr Wissenschaft gefällig? Die 1%-Methode von James Clear zeigt: Veränderung gelingt nicht durch Perfektion oder

ein Alles-auf-einmal, sondern durch viele kleine, konsequente Minischritte. Fürs Gehirn zählt die Regelmäßigkeit, nicht die Dauer. Lieber 30 Sekunden täglich als zu hohe Ansprüche, die dich ausbremsen. Lücken und Ausrutscher sind normal und kein Grund, die neue Gewohnheit zu kippen.
Gerade am Anfang fühlt sich Zyklustracking oft schwer an, weil wir zugleich zwei Dinge trainieren: zum einen, eine neue Gewohnheit zu etablieren, und zum anderen, die eigene Wahrnehmung vom Negativen hin zu dem zu lenken, was bereits gut läuft. Das ist echtes «Doppeltraining» für dein Gehirn, was naturgemäß mal besser und mal schlechter klappt, weil sich die Vernetzung deines Gehirns im Laufe des Zyklus ebenfalls verändert. Versprochen, es ist ganz normal, dass es holpert und sich Rückschritte einstellen. Du kannst sie im Grunde schon mit einplanen.

Und weißt du was? Die Lücken und freien Flächen im Tracking sind Teil des Bildes und geben dir auch schon Informationen. Denn wenn du dich an den Negativity Bias erinnerst, können sie z. B. dadurch entstanden sein, dass es dir in der Zeit richtig gut ging, du im Flow warst, dein Körper und Geist in Harmonie. Und wer weiß, vielleicht denkst du ja beim nächsten Superduper-Tag daran, auch aufzuschreiben, was dir leichtfiel und wie gut es dir ging. Und schon hast du wichtige Superpowers in deinem Zyklus entdeckt und getrackt!
Phase 3 des Zyklustrackings nenne ich auch gern das kleine Tal der Tränen. Hier steigen die meisten aus und geben auf, obwohl es jetzt sooo wichtig ist dranzubleiben. Bitte gib nicht auf!
Gegen aufgeben und alles hinwerfen gibt es eine Methode, die unser Gehirn etwas austrickst. Habit Stacking (deutsch: Gewohnheiten verknüpfen). Habit Stacking bedeutet, dass du dein Zyklustracking direkt an eine bestehende Alltagsge-

wohnheit andockst – zum Beispiel nach dem Zähneputzen, zum Kaffee oder vorm Schlafengehen. Dadurch musst du nicht extra dran denken oder dich zwingen und schaffst eine neue Routine fast nebenbei. Die Idee dahinter: Eine bereits fest verankerte Gewohnheit dient dir als verlässlicher Auslöser, danach folgt das Tracking fast wie von selbst. Das macht es viel leichter, konsequent dranzubleiben und das Tracking langfristig zu etablieren – gerade in einem vollen Alltag oder wenn dich der innere Schweinehund bremst.

Das Prinzip ist simpel: Nach [bestehender Gewohnheit] folgt [Zyklustracking].

Probiere aus, welche Gewohnheit am besten als Anker für dich funktioniert, und erlaube dir auch, kreativ zu werden. Wie bei neuen Beziehungen braucht's Zeit, bis du wirklich vertraut bist mit deinem Körper und Zyklus. Und ja, das bedeutet leider auch, dass du 'ne ordentliche Portion Geduld brauchst.

Du hast sicher schon mal gehört, dass es nur 21 Tage dauert, bis eine neue Gewohnheit sitzt, oder? Tja, der Mythos ist leider viel zu knapp gedacht. Eine ziemlich spannende Studie von Phillippa Lally und Kolleg*innen zeigte: Es kann zwischen 18 und 254 Tagen dauern, bis sich eine Gewohnheit wirklich festsetzt – im Schnitt sind das etwa 2 Monate, oft auch ein bisschen mehr.

Die Realität ist also: Gewohnheitsbildung ist sehr individuell. Je nachdem, was du dir vornimmst und wie du tickst, dauert es mal kürzer, mal länger.

Noch dazu brauchen Routinen, die uns langfristig belohnen, grundsätzlich mehr Zeit, um etabliert zu werden, als die schnellen Dopamin-Kicks wie Schokolade, Instagram oder andere. Unser Gehirn liebt schnelle Belohnungen, gesunde Gewohnheiten müssen sich diesen Platz erst erkämpfen.

Konkrete Hilfen fürs Dranbleiben:

- Verbinde das Tracking mit einer bestehenden Gewohnheit.
- Setze dir winzig kleine Ziele (z. B. nur eine Emotion zu notieren).
- Feiere jeden Tag, an dem du getrackt hast.
- Leg dir dein Zyklusrad sichtbar auf den Tisch.
- Kleb es ins Notizbuch oder mach einen Handy-Reminder.
- Erinnere dich: Auch lückenhafte Daten sind wertvolle Daten.

Grundsätzlich gilt hier: Konsequenz vor Perfektion. Für dein Gehirn ist es wichtiger, die Gewohnheit regelmäßig auszuführen, als von Beginn an alles perfekt zu machen. Also lieber täglich 30 Sekunden was hinkritzeln, als nur einmal im Monat mit Schönschrift das Bullet Journal zu pflegen.[17]

PHASE 4: WAIT A MINUTE, DA IST JA EIN MUSTER!

Am Anfang sah mein Zyklustracking etwa so aus:
Zyklustag 14: gut
Zyklustag 15: okay
...
Zyklustag 26: meeeh
Zyklustag 27: miauuuww
Zyklustag 28: richtig schlimm
Zyklustag 29: menno
Damals dachte ich, das wären sehr gute Ein-Wort-Emotionsbeschreibungen. Lol. Zumindest waren es die Worte, die mir

eingefallen sind, und sie haben ja auch irgendeinen Zustand eingefangen. Aber so richtig weitergebracht haben mich diese Daten nicht. Was bedeutet «meeeh» konkret? Schlechte Laune? Stimmungsschwankungen? Streit mit Mario? Unwohlsein im Körper? Selbstkritische Gedanken, aber trotzdem gute Konzentration? Wir werden es nie erfahren. Erinnerungen sind unzuverlässig, und zyklische Amnesie ist real! Deshalb entsteht, selbst nach Jahren der Zyklusachtsamkeit, oft beim Einsetzen der Blutung immer wieder dieser klassische Aha-Moment: «Ach so, darum waren die letzten Tage so anstrengend!»

Viele Daten bringen wenig, wenn sie nur vage beschrieben sind. Je präziser du deine Gefühle benennst, desto leichter kannst du sie später nachvollziehen und Veränderungen erkennen. Erweitere dafür dein emotionales Vokabular, so werden deine Daten wertvoll, weil du Erlebnisse genauer festhältst, Muster erkennst und gezielt für deinen Alltag nutzen kannst.

KONKRETE TIPPS FÜR MEHR EMOTIONALE PRÄZISION

Nutze am Anfang Ressourcen wie das «Wheel of Emotions» oder meine Gefühlsliste (die bekommst du über den QR-Code am Ende des Buches). Das hilft dir, die treffenden Worte zu finden für das, was du wahrnimmst. Online findest du viele Beispiele für das Wheel of Emotions.

Ein weiterer Weg, mehr Nuancen zu entwickeln, ist, dich selbst zu befragen, z. B. indem du zu diesen Fragen frei schreibst, mit ihnen einen Spaziergang machst oder dich mit einer vertrauten Person darüber unterhältst. Frage dich zum Beispiel:

Was genau meine ich mit «meeeh»/xx? Wie fühlt sich das in meinem Körper an? Wo spüre ich das? Woran erkenne ich, wie ich mich wirklich fühle? Welche Worte würden meinen Zustand noch genauer beschreiben?
Du darfst es dir leicht machen (etwa mit Gefühlslisten, dem Wheel of Emotions oder anderen Checklisten) und zugleich darauf vertrauen, dass alles, was du brauchst, in dir steckt. Je aufmerksamer du wirst, desto präziser wirst du deine Zustände benennen können. Dein Trackingmuskel wächst mit jedem kurzen Zyklus-Check-in Tag für Tag.
Ich bin überzeugt: Je genauer und vielfältiger du deine Empfindungen und Zustände beschreiben kannst, desto wertvoller und aufschlussreicher werden deine Zyklusdaten für dich!

WIE WERTEST DU DEINE DATEN ÜBERHAUPT AUS?

Das reine Sammeln von Daten ist nur der erste Schritt, wirklich wertvoll werden deine Notizen erst durch die bewusste Auswertung. Vielleicht sind dir beim Durchblättern schon bestimmte Muster aufgefallen: zum Beispiel, dass Tag 6 oder Tag 18 deines Zyklus immer etwas «rocky» ist, deine Stimmungen an genau diesen Tagen häufiger schwanken und du dich danach meist wieder stabiler und klarer fühlst.
Solche Übergangstage zwischen Zyklusphasen sind ganz normal: Auch in der Natur erleben wir sprunghafte Übergänge, wie das Aprilwetter oder Herbststürme. Und wir kennen das auch aus anderen Lebensphasen: Übergänge bringen oft Unsicherheiten mit sich, laufen selten wie ein Schweizer Uhrwerk, sondern fühlen sich manchmal chaotisch oder unvorhersehbar an.

Nach zwei bis drei Zyklen kannst du dich an eine erste Auswertung und Analyse wagen, weil du dann eine erste gute Datengrundlage hast:
Gibt es Tage, an denen sich bestimmte Gefühle, Körperzustände oder Gedanken wiederholen?
Häufen sich manche Beschreibungen oder Begriffe? Welche Themen ziehen sich wie ein roter Faden durch deinen Zyklus?
Versuche herauszufinden, was an den «auffälligen» Tagen – z. B. Tag 6 oder Tag 18 – sonst noch in deinem Leben los war: Gab es bestimmte soziale Ereignisse, Stress, besondere Erfolge oder Herausforderungen?
Welche Wechselwirkungen erkennst du zwischen äußeren Umständen (wie Job, Beziehungen, Alltagsstress) und deinen Zyklustagen?
Wenn sich ähnliche Wörter oder Beschreibungen immer wieder finden: Steckt dahinter ein größeres Thema oder Muster?
Letztlich geht es um die Erkenntnis, dass das Auswerten deiner Daten dein stärkstes Werkzeug ist, um Veränderungen zu erkennen und neue hilfreiche Routinen in deinem Leben zu etablieren. Du bestimmst selbst, wie tief du einsteigen und was du aus deinen Beobachtungen machen möchtest – schon kleine Erkenntnisse können große Veränderungen ins Rollen bringen. (z. B. weniger soziale Verabredungen in deiner Lutealphase, dir zu erlauben, während der Blutung die Wäsche liegen zu lassen und mehr Zeit liegend zu verbringen ...) A little goes a long way.
Deine Daten sind auch die Grundlage für ein richtig cooles Tool, das ich gern selbst erfunden hätte, aber es ist von der gloriosen Maisie Hill: die **Kühlschrankmethode**, die ich in Kapitel 9 genauer erläutere.
Sie stellt quasi eine Landkarte durch deine Zyklusphasen dar

und ebnet so den Weg, die Kommunikation in Partner*innenschaft und Familie zu verbessern und vor allem jede Menge Konflikte zu vermeiden.

PHASE 5: BITCHES, I'M THE CYCLE WHISPERER

Stell dir vor, du weißt ganz genau, wann deine Energie im Keller ist, und gönnst dir bewusst Erholung, weil du weißt: In wenigen Tagen läuft alles wieder rund. Statt dich mit Selbstkritik zu zermürben, gönnst du dir Regeneration, wenn du sie brauchst, anstatt dich zu quälen. Denn du hast gelernt, dass du durch gezieltes Ausruhen ein paar Tage später mit Leichtigkeit alles schaffst, wofür du an deinem schlappen Tag ewig brauchen würdest. Mittlerweile navigierst du entspannt und souverän durch deinen Zyklus. Du weißt, wann du alle umarmen willst, wann du dir Zeit für dich gönnst (oder nehmen musst) und wie du deine Bedürfnisse mitteilst. Von deinen Emotionen wirst du nicht mehr überrannt, sondern siehst sie (meistens) kommen, sodass du gut für dich sorgen kannst, um Hilfe bitten oder auch nachjustieren, wenn es doch mal intensiver wird. Du sprichst liebevoll mit dir selbst, planst vorausschauend und hilfst dir selbst / deinem Zukunfts-Ich mit kleinen Erinnerungen im Kalender: «Nein ist ein ganzer Satz» steht z. B. für die Lutealphase in deinem Kalender, um dich vor zu vielen Zusagen zu schützen. Es ist nicht immer perfekt, und danach strebst du auch gar nicht, aber du weißt dich zu orientieren, wenn das Leben passiert, du herausgefordert bist, und weißt auch, was du dann brauchst oder zu tun hast, damit du eine möglichst gute Erfahrung im Zyklus machen kannst.

Glückwunsch, jetzt hast du es geschafft, kannst das Thema abhaken, musst dich nie wieder damit beschäftigen, und dein Leben verläuft einfach smooth. Wow! Nur 14 € für dieses Buch und ein paar Monate Geduld, und jetzt bist du safe for Life. Well, that was easy.
Hahaha, you wish!
Plot twist: Selbst ich als Zyklus-Coachin lande immer wieder bei den Basics, gehe immer wieder zurück auf Los, fange immer wieder neu an oder komme wieder neu an beim Zyklustracking.
Ich sag dir: Back to Basics ist ein Boss Move.
Gerade wenn du denkst, du hast alles verstanden und bist «fertig», zeigt dir das Leben manchmal einen Mittelfinger. Oder netter ausgedrückt: dass genau das Zurückkehren zu den Grundlagen dich für deinen nächsten Schritt weiterbringt.
Glaub mir, ich kenne das aus erster Hand. Nach Jahren des Zyklustrackings, als ich mitten in meiner Ausbildung zur Zyklus-Coachin war, dachte ich: «Jetzt hab ich's raus, ich brauch das Tracking gar nicht mehr. Ich weiß ja, wann ich wo stecke und was ich brauche.» Ha! Was soll ich sagen? Ich hatte mich getäuscht. Meine Begeisterung kannte keine Grenzen, ich habe einfach zu jeder Anfrage Ja gesagt, mir viel zu viel aufgehalst, und irgendwann war ich einfach nur noch gestresst. Statt auszuruhen, wenn ich müde war, hatte ich Schuldgefühle und hab mich weiter gequält. Mein Körper beschwerte sich mit allerhand Signalen, die ich natürlich ignorierte. Plötzlich waren meine heftigen PMDS-Symptome wieder zurück. Guess what? Ich durfte wieder zurück auf Los gehen, wieder neu anfangen zu tracken, genau analysieren, was ich ändern, streichen, anpassen musste, um wieder in Balance zu kommen. Und irgendwie war das Zurückkommen zu mir und meinem

Körper und dem täglichen Zyklus-Check-in genau das, was ich in dieser Phase gebraucht habe.

Du bist nicht weniger großartig, nur weil du manchmal neu ansetzt, ganz im Gegenteil: Es braucht echte Größe, sich selbst immer wieder zu begegnen, auch wenn sich die Umstände verändern. Selbst in deiner «Cycle Mastery Era» gibt es diese Momente, in denen du denkst: «Was passiert hier eigentlich gerade? Wer bin ich? Warum ist hier alles durcheinander?» Neue Lebensphasen bringen neue Prioritäten, dein Alltag verändert sich und mit ihm auch dein Zyklus. Wahrscheinlich hab ich es jetzt oft genug gesagt, aber komm, einmal geht noch: Es geht nicht darum, irgendwann perfekt zu werden und keine schwierigen Phasen mehr zu erleben. Das wäre unrealistisch und unseriös, dir das zu versprechen. Es geht darum, einen milderen, hilfreicheren Umgang mit deinen Herausforderungen zu entwickeln und zu wissen, was dir hilft, wenn's mal wieder holpert.

Lass dich davon nicht demotivieren, sondern nimm es lieber als Einladung, dich selbst nicht zu verurteilen, wenn sich doch wieder etwas verändert oder du plötzlich wieder mehr Tracking brauchst, obwohl du dachtest, du hast den Dreh raus. Wir dürfen zyklisch vorgehen, dürfen immer wieder zu den Basics zurückkehren, und es lässt sich bei jeder Runde noch etwas entdecken. Du kannst immer wieder eine neue Kategorie in den Fokus nehmen, deine Projekte aus der Zyklusperspektive anschauen, dein neues Date in jeder Zyklusphase erleben und schauen, was dein Zyklus dir über die neue Bekanntschaft verrät, dein Sport-Training danach ausrichten*

* In dem Zusammenhang kann ich Fierce Run Force e. V. und das Buch von Frances Elisa Weber «Eine Frage der Phase. Warum Frauen anders Sport treiben sollten als Männer» (2024, Komplett Media) empfehlen.

… so wie ich zum Beispiel beim Schreiben merke, wann mein kreatives Hoch ist, wann ich lieber strukturiere oder recherchiere und wann es Zeit für eine bewusste Pause ist.

Und trotzdem ist Zyklustracking kein Allheilmittel und auch nicht die Lösung für alles. Der Zyklus findet nicht im luftleeren Raum statt. Du bist großartig, aber du bist nicht dafür verantwortlich, alle Probleme dieser Welt mit Selfcare und Zyklustracking zu lösen. Starke Schmerzen? Klinische Depressionen? Traumata? Andere ernste gesundheitliche Themen? Dafür brauchst du professionelle Unterstützung. Zyklustracking hilft dir, Muster zu erkennen und wichtige Informationen für den Arztbesuch zu sammeln. Es bleibt aber trotzdem nur ein Aspekt des großen Ganzen.
Wir müssen an dieser Stelle auch über Privilegien und strukturelle Diskriminierung sprechen. Schon allein dass du dieses Buch liest und die Kapazität hast, dir das Wissen anzueignen und deinen Zyklus regelmäßig zu tracken, ist ein Privileg, das nicht allen Menstruierenden offensteht. Vielen Menschen fehlt schlicht der Raum, überhaupt an so etwas zu denken. Strukturelle Diskriminierung, permanenter Stress durch äußere Umstände, wirtschaftliche Unsicherheit – all das hinterlässt Spuren in Körpern. Diese Belastungen wirken sich massiv auf die Gesundheit aus, vor allem in einem Gesundheitssystem, das wiederum diskriminierend sein kann.
Es geht hier nicht darum, dich so perfekt zu optimieren, dass du alle systemischen Probleme ausgleichen oder aushalten kannst. Viel wichtiger ist, zu lernen zu unterscheiden, was wirklich in deiner Hand liegt und was größere, gemeinsame Lösungen braucht.
Wie Jiddu Krishnamurti so treffend sagt: «It is no measure of health to be well adjusted to a profoundly sick society.»

Du darfst die Verantwortung für das übernehmen, was in deiner Macht steht, aber du musst dir keine Schuld für all das geben, was weit über deinen eigenen Einfluss hinausgeht, und auch nicht glauben, dass du selbst schuld an deiner Situation bist.

Wenn viele Menschen ähnliche Schwierigkeiten erleben – zum Beispiel das ständige Gefühl, mit ihren zyklusbedingten Beschwerden alleine zu sein oder nicht ernst genommen zu werden –, dann ist das kein Zufall und ganz sicher kein individuelles Versagen. Es ist vielmehr ein klares Zeichen dafür, dass wir es mit strukturellen Problemen und gesellschaftlichen Schieflagen zu tun haben.

Genau das machen auch Ann-Kristin Tlusty und Wolfgang Schmitt in «Selbst schuld!» sowie Sabina Schwachenwalde in «Ungleich behandelt» sehr deutlich. Beide Bücher zeigen: Es reicht nicht, immer nur das Individuum zu optimieren oder sich selbst zu fragen, warum man schon wieder «nicht funktioniert». Viel wichtiger ist es, kritisch zu hinterfragen, welche Rahmenbedingungen, Normen und blinden Flecken dazu führen, dass vor allem Frauen*gesundheit und zyklusrelevante Themen systematisch vernachlässigt werden. Während Ann-Kristin Tlusty und Wolfgang Schmitt die absurde Idee entlarven, jede Herausforderung sei rein persönliche Schuld, legt Sabina Schwachenwalde offen, wie Sexismus, Rassismus und andere Diskriminierungsformen tief in unser Gesundheitssystem eingeschrieben sind – mit ganz realen Folgen für Betroffene.

Das alles macht deutlich: Veränderung verlangt Mut – den Mut, immer wieder das Selbstverständliche zu hinterfragen und sich gemeinsam Gehör zu verschaffen, statt stillschweigend das Gefühl von vermeintlichem Versagen zu akzeptieren. Wir müssen den Blick weiten, strukturelle Ursachen anerkennen und für Lösungen kämpfen, die über das Individuum hinausgehen.

Gesundheit ist politisch, und echte Veränderung beginnt genau dort, wo wir aufhören, uns alleine verantwortlich zu fühlen.

Doch weil gesellschaftlicher Wandel oft langsam und zäh verläuft, richten wir unseren Fokus jetzt auf das, was innerhalb unseres Einflussbereichs liegt: dich und deinen Körper. Die bewusste Verbindung zu deinem Körperwissen ist der Kern einer wirklichen Rebellion gegen lange überlieferte gesellschaftliche Narrative, die uns als Menschen mehr schaden als nützen. Es ist eine kraftvolle Entscheidung, auf das zu hören, was dein Körper dir wirklich sagt, anstatt auf fremde Vorgaben.

Im nächsten Kapitel geht es darum, wieder echte Freundschaft mit deinem Körper zu schließen und seine Signale bewusst wahrzunehmen. Wir vertiefen dein Körperwissen und lernen den Begriff Body Literacy kennen. Das bedeutet, dass du lernst, die Sprache deines Körpers zu verstehen, aufmerksam für feine Veränderungen zu werden, Bedürfnisse wahrzunehmen und ihnen Vertrauen zu schenken – noch bevor dein Kopf sie logisch erklären kann. So entdeckst du, was dir wirklich guttut, was du loslassen darfst und wie du neue, stärkende Muster entwickelst.

Außerdem schauen wir uns die großen Feelings Scham und Wut an. Sowie den Schmerz. Sie sind viel mehr als nur Hindernisse oder Stolpersteine auf deinem Weg. Wenn du sie wahrnimmst und verstehst, können sie dir ganz genau zeigen, wo alte Grenzen und Begrenzungen liegen, was du loslassen darfst und wo echtes Wachstum beginnt. Scham und Wut können wertvolle Wegweiser sein, die dich einladen, achtsamer und liebevoller mit dir selbst umzugehen. Sie führen uns zu mehr Selbstvertrauen und zu einer lebendigen, ehrlichen Beziehung – mit dir selbst, deinem Zyklus und den Menschen, die dir nahestehen.

Was du aus diesem Kapitel mitnehmen kannst

1. Zyklustracking ist mehr als Daten sammeln, es ist eine Forschungsreise zu dir selbst. Es bedeutet nicht nur aufzuschreiben, wann du blutest, sondern zu verstehen, was in deinem Körper passiert. Dabei schlägt Konsistenz Perfektion, jeder Eintrag zählt.

2. Du bist die Expert*in für deinen Körper. Deine eigene Dokumentation gibt dir Klarheit, stärkt deine Stimme im Gesundheitssystem und macht dich handlungsfähig – egal ob neurodivergent, Elternteil oder mit besonderen Herausforderungen.

3. Gesundheit ist politisch, sei milde mit dir. Du bist nicht für alles allein verantwortlich. Strukturelle Hürden sind real. Lücken und Rückschritte gehören dazu und sind Teil des Prozesses.

8.

CAN YOU FEEL IT? WAS DEIN KÖRPER DIR SAGEN WILL

Wir wachsen in einer Welt auf, die uns lehrt, den eigenen Körper als Problem zu sehen, das es zu bekämpfen gilt. Sei schlanker, glatter, leistungsfähiger. Diätkultur, Social Media, Photoshop und Fitness-Apps prägen unser Selbstbild so stark, dass wir irgendwann vergessen, wie es sich anfühlt, den Körper einfach als Verbündeten zu sehen. Genau hier setzt dieses Kapitel an: Wie können wir wieder lernen, ihm zuzuhören, statt ihn zu optimieren, zu bekämpfen oder zu ignorieren? Und welche Rolle spielt der Zyklus dabei?

Wir sind heute so entfremdet von unseren Körpern wie noch nie. Gerade menstruierende Menschen erleben diese Entfremdung besonders oft. Jahrelanger Schmerz (den wir als normal empfinden und der nicht ernst genommen wird), die Last von Tabu, Bodyshaming und patriarchalen Strukturen sorgt dafür, dass wir uns von unserem Körper abkoppeln, anstatt ihn wertzuschätzen.

«Dein Körper ist immer für dich», pflegt meine Freundin und ganzheitlich-traumasensible Coachin Clara Schaksmeier zu sagen. Das geht erst mal schwer in unsere Köpfe rein, wenn wir gelernt haben, eher gegen unsere Körper zu arbeiten. Und ist nicht leicht zu verstehen, wenn unser Körper uns Schmerzen bereitet und jeden Monat verzweifeln lässt. Das soll für mich sein? Fühlt sich eher gegen mich an. Erst langsam und mit der Zeit wurde mir klar: Mein Körper sendet mir seine Botschaften nicht aus Bosheit, sondern als Verbündeter, der für mich kämpft, wenn ich selbst nicht hinsehen will. Wenn wir wieder freundschaftlicher mit uns und unserem Körper umgehen wollen, ist die Rückverbindung zum Körper der

Schlüssel, ein entspannteres, ausgeglichenes und zufriedenes Leben zu führen.

Körpersignale sind wichtige Hinweise für uns, besonders wenn sie mit Schmerzen laut Stopp rufen. Die meisten von uns hören sie, nehmen sie wahr und ignorieren sie trotzdem. Doch wenn wir sie immer wieder ignorieren, zahlen wir einen hohen Preis: Stress, Erschöpfung, PMS oder PMDS. Studien zeigen, dass chronischer Stress und das dauerhafte Unterdrücken von Emotionen direkt mit biologischen Entzündungsprozessen verknüpft sind. In einer Untersuchung von Luz Ospina et al. (2022) zeigte sich: Emotionales Unterdrücken korreliert mit Entzündungsmarkern im Körper.[18] Harvard Health berichtet außerdem, dass anhaltender Stress das Risiko für Autoimmunerkrankungen erhöht, weil das Immunsystem unter Dauerfeuer irgendwann anfälliger wird.[19] Anders gesagt: Wer nie Nein sagt, bekommt im schlimmsten Fall irgendwann ein dickes, fettes Nein von seinem Immunsystem zurückgeschickt.

Aber es gibt einen Weg zurück zu deinem Körper. Einen Weg, seine Sprache wieder zu lernen und ihm zu vertrauen. Genau hier setzt Body Literacy an – die Fähigkeit, Körpersignale bewusst wahrzunehmen, einzuordnen und darauf zu reagieren. Ein Skill, der nicht das nächste Optimierungsprojekt werden soll, sondern ein sanfter Weg zurück zu einer freundschaftlichen Verbindung mit deinem Körper.

Body Literacy kann in der Praxis zum Beispiel so aussehen: Du merkst, wenn dein Bauch sich zusammenzieht, und kannst einordnen, ob das Hunger ist, Angst oder PMS. Du spürst Erschöpfung und weißt, dass das kein Zeichen von Schwäche ist, sondern ein Signal deines Körpers: Zeit für eine Pause. Du erkennst, dass deine Gereiztheit in der Lutealphase kein Charakterfehler ist, sondern Teil deines Zyklus. Kurz: Du verstehst

die Sprache deines Körpers und kannst darauf reagieren. Body Literacy bedeutet, unseren Körper zu lesen und mit ihm in einen echten Dialog zu treten.
Der Begriff stammt aus der feministischen Gesundheitsbewegung der 1990er-Jahre. Bücher wie «Taking Charge of Your Fertility» von Toni Weschler oder die Bewegung «Our Bodies, Ourselves» aus den USA haben Frauen darin bestärkt, ihr Körperwissen zurückzuerobern und sich selbst als Expertinnen ihrer Gesundheit zu sehen. Body Literacy war immer mehr als nur Fruchtbarkeitskontrolle, es ist eine ganzheitliche Kompetenz, die unser gesamtes Erleben umfasst.
Man könnte Body Literacy im Deutschen auch Körperwahrnehmung nennen. Das Schöne an dem Begriff der Literacy ist jedoch, dass es noch mehr als nur Wahrnehmen bedeutet. Literacy für sich genommen ist ein Oberbegriff, der die Vertrautheit mit Texten, Sprache und Schriftkultur meint. Bezogen auf den Körper, umfasst es Lesen, Schreiben, Sprechen. Über das Nervensystem spricht unser Körper ständig mit uns. Laufend wandern Signale aus dem Inneren ins Gehirn. Rund 80 % dieser Informationen laufen bottom-up – aus Organen, Muskeln, Eingeweiden nach oben –, und nur 20 % gehen den umgekehrten Weg. Dieses innere Spüren wird auch Interozeption genannt, gesteuert von einer etwa 2-€-Stück großen Hirnregion. Wenn wir merken, dass uns das Herz rast, dass sich der Bauch zusammenzieht, dass die Hände warm werden – das sind interozeptive Signale. Das Gehirn interpretiert sie und macht daraus Gefühle. Das bedeutet, das, was wir als das eigentliche «Gefühl» definieren und kennen, entsteht erst am Ende dieser Kette, weil wir deuten, was da körperlich passiert.
Wir können also getrost sagen: Der Bauch weiß mehr als unser Kopf, und das sogenannte Bauchgefühl ist kein Hokus-

pokus, sondern Biologie. Das erklärt auch, warum Intuition so oft im Körper spürbar ist, bevor wir kognitiv begreifen, was los ist. Diese angeborene Weisheit des Körpers – nennen wir sie Körperintelligenz – war immer schon da. Rund 100 Millionen Nervenzellen bilden das enterische Nervensystem – oft «Bauchhirn» genannt. Es ist direkt mit Gehirn und Rückenmark verschaltet und schickt ununterbrochen Informationen Richtung Gehirn.

Für gelebte Body Literacy brauchst du also eine gut geschulte Interozeption, die du durch bewusstes Wahrnehmen trainieren kannst, wie zum Beispiel durch deinen täglichen Zyklus-Check-in. Body Literacy entsteht dann über die Zeit: wenn du deine Muster erkennst und lernst, sinnvoll darauf zu reagieren. So kannst du Schritt für Schritt (d)eine Körperfreundschaft aufbauen.

Doch was steht uns im Weg, diese Freundschaft zu leben, an guten wie an schlechten Tagen?(LOL) Neben den oben genannten gesellschaftlichen (Schönheits-)Idealen lagern wir schon lange immer mehr aus: Dr. Google wird durch Dr. ChatGPT ersetzt, Smartwatches diktieren uns, ob wir «gut geschlafen» haben oder nicht. Zyklus-Apps tracken jede Blutung, jedes Symptom, und wir vertrauen ihren Kurven mehr als unserem eigenen Empfinden. Das ist einerseits empowernd, weil wir Zugriff auf Daten haben, die früher unsichtbar waren. Und zugleich gefährlich, weil es dazu einlädt, nicht mehr in uns selbst hineinzuspüren.

Gleichzeitig ist der Zugang zu Body Literacy ungleich verteilt. Wer in Armut lebt, kämpft oft schon damit, ob das Geld für Binden oder Schmerztabletten reicht – für Atemübungen oder Körper-Check-ins bleibt da wenig Raum. BIPoC (Schwarze, Indigene und People of Color) und Menschen mit Rassismuserfahrung erleben häufiger, dass ihre Schmerzen kleingeredet werden, was das Vertrauen in den eigenen Körper massiv erschwert. Menschen mit Behinderung oder chronischen Erkrankungen werden in Normschemata gepresst, die ihre Signale fehldeuten. Körperwissen ist deshalb nicht nur eine Frage individueller Aufmerksamkeit, sondern auch eine Frage von Gerechtigkeit und damit politisch.

DEAR BODY, HOW ARE YOU?

Hier sind 5 Schritte, mit denen du wieder zu mehr Körperfreundschaft finden kannst, egal ob du einen Menstruationszyklus hast oder nicht. Und keine Sorge, das muss jetzt nicht von heute auf morgen die große Liebe werden. Neue Freundschaften entwickeln sich auch über einen längeren Zeitraum, indem wir neugierig aufeinander sind. Wir lernen einander kennen, und da ist mal was Schönes und mal was Irritierendes dabei. Das Entscheidende beim Aufbau jeder neuen Beziehung ist, dass wir genuin daran interessiert sind, eine Verbindung aufzubauen, und dann auf dem Weg schauen können, wie wir sie gestalten wollen, was funktioniert und was nicht.
Körperfreundschaft ist ein dynamischer Prozess. Hauptsache, du bleibst dran und findest einen Weg, dir und deinem Körper auf diesem Weg so freundlich wie möglich zu begegnen.

5 SCHRITTE ZUR KÖRPERFREUNDSCHAFT

1. Wahrnehmen lernen: Am Anfang steht das Spüren. Wo bin ich angespannt? Bin ich müde, hungrig, durstig? Wie reagiert mein Körper auf Stress? Viele von uns haben das verlernt, weil wir ständig auf äußere Erwartungen achten mussten. Daher fühlt sich bewusstes Wahrnehmen am Anfang oft ungewohnt an, und das ist okay. → Zyklustracking ist genau das: tägliches Training fürs Wahrnehmen. Body-Scans sind auch ein super Training für die Schulung der Wahrnehmung, dazu findest du online viele Ressourcen.

2. **Muster erkennen:** Wenn du regelmäßig innehältst – durch Journaling, Body-Scans oder Zyklustracking –, lernst du, wie sich dein Körper in unterschiedlichen Situationen verhält. Du erkennst, was für dich «normal» ist. Diese Erkenntnis ist empowernd und baut Vertrauen auf: Signale, die sich wiederholen, wirken nicht mehr bedrohlich. Du fängst an, deinem Körper zu trauen. → Deine Tracking-Daten machen deine Muster sichtbar. Denn wir sind alle unterschiedlich.
3. **Wissen ergänzen:** Parallel zum persönlichen Spüren brauchst du fundiertes Wissen über biologische, psychische und soziale Faktoren. Fachbücher, Expert*innen und evidenzbasierte Infos helfen dir, Signale richtig einzuordnen, und sie schützen dich davor, dich selbst zu überfordern oder Normales zu pathologisieren. → Das machst du bereits, indem du dieses Buch liest. Wenn du Kapitel 3 und 5 durchgearbeitet hast, kannst du erst mal einen Haken dran machen. ;-)
4. **Kompetenz entwickeln:** Mit wachsendem Vertrauen und Wissen verändert sich deine Haltung: Dein Körper ist kein Gegner mehr, sondern Beziehungspartner. Du setzt dich sensibel mit dir auseinander, akzeptierst Grenzen, nimmst Bedürfnisse ernst. Das ist der Kern von Body Literacy: ein lebendiger Dialog mit deinem Körper, der immer wieder neu geführt wird. → Es handelt sich um einen längeren Prozess, und genau dafür ist dieses Kapitel da.
5. **Zweifel zulassen:** Ganz ehrlich, gerade am Anfang zweifelst du, ob das, was du fühlst, wirklich deine innere Stimme ist

oder Angst, Wunschdenken oder alte Stimmen von außen, die du vielleicht als Kind öfter gehört hast. Diese Zweifel sind normal und gehören dazu. Der Weg zu gutem Körperwissen ist kein gerader Pfad, sondern ein Prozess mit Schwankungen und Lernmomenten. Verurteile dich nicht dafür. → Unsicherheit ist Teil des Wegs. Unsicherheit zeigt auch, dass du schon viel wahrnimmst und richtig gut dabei bist. Das wird sich mit der Zeit auflösen und klären. Mach einfach heiter weiter.

Das Wahrnehmungstraining kannst du im Alltag überall einbauen: in der Schlange an der Kasse im Supermarkt mal nicht das Handy rausholen, sondern die Füße auf dem Boden spüren. Einen Moment still dasitzen und merken, wie Luft in den Körper strömt und wo der Stoff deiner Kleidung die Haut berührt. Den täglichen Zyklus-Check-in machen, wie du es in Kapitel 7 kennengelernt hast. Das sind alles kleine Trainingseinheiten für die Inselrinde im Gehirn, in der die Interozeption verankert ist.

WIE EMOTIONEN WIRKLICH ENTSTEHEN

Du weißt jetzt, dass Body Literacy bedeutet, die Sprache deines Körpers zu lesen und mit ihm in Dialog zu treten. Du hast die 5 Schritte zur Körperfreundschaft kennengelernt – wahrnehmen, Muster erkennen, Wissen ergänzen, Kompetenz entwickeln, Zweifel zulassen. Genau bei Schritt 3 sind wir jetzt: Wissen ergänzen.
Denn um Body Literacy wirklich zu leben – also deinen Körper zu verstehen, seine Signale zu lesen und darauf reagieren zu können – brauchst du nicht nur tägliche Check-ins. Du

brauchst auch Wissen darüber, WIE dein Körper eigentlich mit dir spricht. Wir haben schon gesehen: 80 % der Informationen laufen bottom-up, vom Körper ins Gehirn. Das Gehirn interpretiert diese Signale und macht daraus Gefühle. Doch wie genau funktioniert das? Was passiert da in dir?

Bis vor Kurzem war mir nicht klar, dass Gefühle zu 80 % im Körper entstehen. Ich dachte immer, dass vor allem unsere Gedanken und Interpretationen von Ereignissen im Außen die Gefühle auslösen. Tatsächlich ist dieser Schritt der kleinste und letzte bei der Entstehung: Erst passiert etwas im Körper, das Herz rast z. B., die Hände werden feucht, der Bauch zieht sich zusammen. Diese Körpersignale laufen ins Gehirn, werden dort abgeglichen und lösen eine Emotion aus – Angst, Wut oder Traurigkeit. Und erst dann klebt unser Kopf das individuelle Etikett drauf, macht daraus ein Gefühl: die persönliche Mischung, Interpretation und Färbung dessen, was da gerade in uns abläuft.

EMOTION ODER GEFÜHL, GIBT'S DA EINEN UNTERSCHIED?

Vielleicht fragst du dich: Ist das nicht dasselbe? Im Alltag verwenden wir die Begriffe tatsächlich oft synonym. Doch es gibt eine hilfreiche Unterscheidung:
Emotionen beginnen im Körper: Dein Herz rast, deine Muskeln spannen sich an, dein Bauch zieht sich zusammen. Das sind die körperlichen Empfindungen, die blitzschnell ablaufen, oft bevor du überhaupt bewusst darüber nachdenkst.
Gefühle entstehen, wenn dein Gehirn diesen Körpersignalen einen Namen gibt: «Das ist Angst», «Das ist Wut». Gefühle

sind also deine persönliche Interpretation dessen, was im Körper passiert, geprägt durch deine Erfahrungen, deine Kultur, deine Geschichte.
Diese Unterscheidung ist wichtig, weil sie zeigt: Du bist deinen Emotionen nicht hilflos ausgeliefert, sondern kannst lernen, mit ihnen so umzugehen, wie du möchtest und es hilfreich für dich ist.

SIND EMOTIONEN UNIVERSELL, ODER LERNEN WIR SIE?

Lange Zeit galt als selbstverständlich, dass universelle Basisemotionen wie Freude, Traurigkeit, Wut, Angst, Ekel, Überraschung existieren. Die angeboren sind, biologisch fest verdrahtet, überall auf der Welt gleich. Doch die Neurowissenschaftlerin Lisa Feldman Barrett hat mit ihrer bahnbrechenden Forschung gezeigt: Das stimmt so nicht. In ihrem Buch «Wie Gefühle entstehen» legt Feldman Barrett dar, dass Emotionen nicht universell in unseren Gehirnen und Körpern vorprogrammiert sind, sondern psychologische Erfahrungen, die wir auf Grundlage unserer einzigartigen persönlichen Geschichte, Physiologie und Umwelt konstruieren. Ihre «Theorie der konstruierten Emotion» (Theory of Constructed Emotion) besagt: Emotionen sind keine statischen, biologisch festgelegten Programme, die einfach ausgelöst werden. Stattdessen entstehen sie in dem Moment, in dem unser Gehirn körperliche Empfindungen vorhersagt und kategorisiert – auf Basis dessen, was wir in der Vergangenheit gelernt haben, welche Konzepte unsere Kultur uns mitgegeben hat und wie wir die aktuelle Situation interpretieren.[20] Das erklärt auch, warum Menschen in verschiedenen Kulturen Emotionen unterschiedlich erleben und benennen. In manchen Sprachen fehlen Begriffe für Emotionen, die in westlichen Kontexten oft als «universell» gelten, und umgekehrt gibt es Emotionswörter in anderen Sprachen, für die wir im Deutschen keine direkte Entsprechung haben. Ein Beispiel: Dein Herz schlägt schneller, deine Handflächen werden feucht. Ist das Aufregung vor einem Date? Angst vor einer Prüfung? Vorfreude auf ein Abenteuer? Dein Gehirn entscheidet basierend auf dem Kontext, deinen Erfahrungen und den emotionalen Konzepten, die du gelernt hast. Die körperlichen Signale sind da, aber die Bedeutung gibst du ihnen.

WO IM KÖRPER SPÜREN WIR EMOTIONEN?

Auch wenn Emotionen konstruiert sind, zeigen sich interessante Muster, wo wir sie im Körper spüren. Eine finnische Studie hat über 700 Menschen aus verschiedenen Kulturen – Finnland, Schweden, Taiwan – gebeten, auf Körpersilhouetten einzuzeichnen, wo sie bestimmte Gefühle spüren. Heraus kamen interessante Muster: Angst und Wut zeigten sich vor allem in Brust und Armen, Traurigkeit machte schwer in Brust und Gliedmaßen, Freude wärmte von Kopf bis Fuß, Ekel drückte besonders im Bauch.[21]

Doch auch diese Körperkarten zeigen nicht, dass Emotionen biologisch vorprogrammiert sind. Sondern vielmehr, wie Menschen in bestimmten Kulturen gelernt haben, körperliche Empfindungen zu kategorisieren und zu benennen. Die Muster sind erstaunlich konsistent, aber das liegt daran, dass wir ähnliche kulturelle Konzepte teilen, nicht weil sie in unsere Gene eingebrannt sind.

Dein Körper hat seine eigene Grammatik, und die ist wichtiger als jede Statistik. Vielleicht spürst du deine Traurigkeit in der Stirn, im großen Zeh – oder erst mal gar nicht. Auch das ist wahr. Es gibt keine «richtige» Art zu fühlen.

WARUM IST DAS WICHTIG?

Wenn Emotionen nicht biologisch festgelegt sind, sondern konstruiert werden, haben wir viel mehr Einfluss auf unser emotionales Erleben, als wir dachten. Wir können lernen, körperliche Empfindungen anders zu interpretieren. Wir können neue emotionale Konzepte entwickeln. Wir können die Art, wie wir fühlen und über Gefühle denken, verändern.
Das ist besonders wichtig für uns Menstruierende, die oft mit intensiven emotionalen Schwankungen zu kämpfen haben.

Wenn wir verstehen, dass Emotionen keine unkontrollierbaren Naturgewalten sind, die über uns hereinbrechen, sondern etwas, das unser Gehirn aus Körpersignalen, Erfahrungen und kulturellen Konzepten zusammensetzt, können wir anfangen, damit zu arbeiten.

Gefühle sind also Informationen aus dem Körper, die unser Gehirn interpretiert und mit Bedeutung füllt, die wiederum vom kulturellen Kontext abhängig ist. Sie sind natürlich real empfunden, sie sind wichtig, aber sie sind nicht in Stein gemeißelt. Und das ist eigentlich eine ziemlich empowernde Nachricht.
Psychologisch betrachtet, sind alle Emotionen neutral. Keine ist per se gut oder schlecht, sie sind alle Botschafterinnen, die uns wichtige Informationen übermitteln und uns helfen, uns in der Welt zu orientieren und Entscheidungen zu treffen.

Doch unsere Gesellschaft teilt Emotionen gerne in «positive» und «negative» ein. Freude? Gut. Wut? Schlecht (vor allem bei Frauen, mehr dazu gleich im Abschnitt Wut). Trauer? Unangenehm. Diese Bewertung ist nicht biologisch, sondern kulturell, und sie führt dazu, dass wir bestimmte Emotionen eher unterdrücken, statt ihre Botschaften zu hören.
Gerade Wut, Trauer oder Schmerz werden oft als «negativ» abgestempelt, dabei sind sie genauso wichtig wie Freude. Sie zeigen uns, wo etwas nicht stimmt, wo Grenzen überschritten wurden, wo wir Unterstützung brauchen. Wenn wir diese Emotionen als «schlecht» bewerten, verlieren wir den Zugang zu wertvollen Informationen über uns selbst und unsere Bedürfnisse.

DIE 90-SEKUNDEN-REGEL

Emotionen an sich sind kurze Ereignisse. Die körperliche Welle einer Emotion dauert nur 90 Sekunden, so die Neurowissenschaftlerin Jill Bolte Taylor. Danach ist die Biochemie durch. Wir könnten die Emotion theoretisch schon wieder loslassen. Es sei denn, wir halten sie künstlich am Leben – mit Gedanken, Interpretationen, endlosen Grübelschleifen. Dann wird aus der kurzen emotionalen Welle ein Gefühl, das bleibt. Ganz besonders gerne während der prämenstruellen Phase oder unserer Menstruation sind wir dafür anfällig. Ich habe in Gedanken schon stundenlange Diskussionen mit anderen geführt und mich dabei in einer endlosen Rage verfangen. Wir sind es, die diese Gefühle festhalten.

Haben oder sein? Das ist hier die Frage. Wir wissen jetzt, wenn wir rein auf die biochemische Ebene schauen, laufen Emotionen in ca. 90 Sekunden durch unseren Körper hindurch. Sie sind also sehr vergänglich und können sich richtig oft ändern. Warum identifizieren wir uns dann also so stark mit ihnen? Ergänzend zum zeitlichen Faktor gibt es eine Perspektive, die mir so krass geholfen hat, besonders in meinen schlimmen PMDS-Schüben:

Du bist nicht die Emotion. Du hast sie vorübergehend, du erlebst sie, sie kommt bei dir vorbei.

Unsere Sprache hat einen entscheidenden Einfluss auf unser Erleben. Im Deutschen sagen wir «Ich bin traurig», wir könnten aber auch sagen: «Ich empfinde Traurigkeit», so wird es zu etwas, das wir erleben, nicht zu etwas, das wir sind. Genauso arbeiten auch viele Coaching- und Therapieansätze: Wir haben Gefühle, wir sind sie nicht. Das nimmt ihnen die absolute Macht und macht es leichter, sie wieder ziehen zu lassen.

Doch was ist mit Körpersignalen, die keine Gäste sind, sondern hartnäckige Dauerbewohner? Die nicht nach 90 Sekunden verschwinden, sondern bleiben – stechend, pochend, bohrend? Welcome to the world of pain.

SCHMERZ: SIGNAL, TABU UND FEMINISTISCHER BRENNPUNKT

Das Wort «Schmerz» kommt vom mittelhochdeutschen «smerze». Die Wurzel führt zurück zum indogermanischen (s)mer(d) – «reiben, aufreiben, zerreiben»[22]. Verwandt mit dem lateinischen «mordere» (beißen, kränken) und dem griechischen «smerdnós» (schrecklich, furchtbar). Schon in der Wortgeschichte steckt das Gefühl von etwas, das uns aufreibt, durchdringt, zermürbt. Kein Wunder, dass wir vor ihm zurückschrecken.

Bei Schmerz spannen sich deine Muskeln an, und dein Stresssystem wird aktiv: Über die HPA-Achse werden Stresshormone wie Cortisol ausgeschüttet. Wir kennen das von plötzlichen Schmerzen, wenn wir uns den Zeh gestoßen oder uns geschnitten haben: Du ziehst dich zusammen, schützt instinktiv die schmerzende Stelle, dein Nervensystem schlägt Alarm und gibt blitzschnell das Signal ins Gehirn: Etwas stimmt nicht! Dabei wird die HPA-Achse (Hypothalamus-Hypophysen-Nebennierenrinden-Achse) aktiviert, genau wie bei anderen Stressreaktionen.[23] Evolutionsbiologisch gesehen, ist Schmerz unser wichtigstes Warnsystem. Er hat sich entwickelt, um uns vor Verletzungen zu bewahren und um Heilung zu ermöglichen.

Natürlich komme ich als Autorin eines Buches über den Zyklus nicht drum herum, über Menstruationsschmerzen zu sprechen. Sie sind das häufigste Symptom im Zyklus. Wenn man grob rechnet, dass viele menstruierende Menschen an etwa drei Tagen pro Zyklus Schmerzen haben und im Leben ungefähr 500 Zyklen durchlaufen, ergibt das rund 1500 Tage – also etwa viereinhalb Jahre – mit Menstruationsschmerzen. Sie sind nicht normal, sie gehören nicht zwingend zur Menstruation dazu, es ist bloß diese Erzählung, die so stark normalisiert ist. Genau deshalb werden sie so wenig ernst genommen. Der Klassiker: «Stell dich nicht so an, das gehört halt dazu.» Diese Sätze begleiten uns seit Generationen, und irgendwann glauben wir sie selbst. Wir sehen unsere Mütter, Großmütter, Freundinnen, die bluten, leiden und trotzdem weitermachen. Nicht klagen, nicht jammern, weiter funk-

tionieren. Und so lernen wir: Vielleicht ist der Schmerz da, vielleicht stelle ich mich aber auch an? Die anderen schaffen es ja auch irgendwie. Auf jeden Fall heißt es: durchhalten.
Menstruationsschmerzen heißen medizinisch Dysmenorrhö. Sie entstehen, weil der Körper die Gebärmutterschleimhaut, die sich über den Menstruationszyklus aufgebaut hat, aktiv abstößt. Kurz vor und während der Menstruation steigt die Ausschüttung von Prostaglandinen stark an. Diese Gewebshormone sorgen dafür, dass sich der Uterus (auch bekannt als Gebärmutter) rhythmisch zusammenzieht, sodass die Schleimhaut nach außen befördert wird. Zu viele Prostaglandine bedeuten stärkere Krämpfe. Sie wirken übrigens nicht nur lokal im Uterus, sondern können auch Durchfall, Übelkeit oder Kopfschmerzen auslösen. Period Poops are real, wenn du weißt, was ich meine. ;-)
Die Muskelkontraktionen engen außerdem die Blutgefäße ein. Weniger Durchblutung heißt weniger Sauerstoff fürs Gewebe, und genau das löst Schmerzsignale aus. Der Menstruationsschmerz ist also das Resultat aus Muskelarbeit plus Sauerstoffmangel. Dazu kommt, dass manche Körper schlicht empfindsamer reagieren. Rezeptoren oder Hormone sprechen stärker an, genetische Faktoren oder ein sensibles Nervensystem können die Intensität verstärken. Und: Es gibt strukturelle Ursachen. Endometriose, Adenomyose, Myome verändern die Anatomie oder die Prostaglandinproduktion und können so die Schmerzen verstärken.
Das ist keine Randerscheinung, sondern leider weit verbreitet. Studien zeigen, dass 50 bis 90 % aller menstruierenden Personen unter Menstruationsschmerzen leiden. Bei Teenagern und jungen Erwachsenen liegt die Quote mit etwa 80 % besonders hoch. Bis zu 29 % berichten, dass ihre Schmerzen so stark sind, dass Schule, Arbeit oder Alltag regelmäßig ausfal-

len müssen.[24] **Mit anderen Worten: Millionen Menstruierende fallen Monat für Monat aus (oder quälen sich mit heftigsten Schmerzen durch ihren Alltag), und trotzdem wird das gesellschaftlich kaum thematisiert.**
Trotz dieser massiven Verbreitung gelten Menstruationsschmerzen oft als «eingebautes Feature». Historisch wurden sie psychologisiert: unter dem Banner «Hysterie» – jenem Mythos, der Frauenkörper jahrhundertelang als irrational und schwach stigmatisiert hat. Ich glaube, langsam wird es deutlich: Dass Periodenschmerz das häufigste Symptom des Zyklus ist, aber gleichzeitig am meisten abgewertet wird, ist kein Zufall.
Dafür gibt es mittlerweile ein Wort: Medical Gaslighting. Es beschreibt genau das, was so viele menstruierende Menschen erleben: Schmerzen werden kleingeredet, verdreht, ins Reich der Fantasie und des Psychosomatischen verschoben und definitiv nicht ernst genommen. «Das kommt bestimmt vom Stress, entspannen Sie sich einfach etwas», «Das gehört halt dazu, so schlimm kann es nicht sein»: Wer solche Sätze öfter hört, beginnt irgendwann, an der eigenen Wahrnehmung zu zweifeln. Und bekommt noch dazu keine adäquate Behandlung.
Die Dimension wird sichtbar, wenn man Zahlen anschaut: In einer US-Umfrage gaben 72 % der Millennial-Frauen an, schon einmal im medizinischen Kontext «gaslighted» worden zu sein.[25] Bei vulvovaginalen Schmerzen berichteten 45 % der Betroffenen, dass man ihnen riet, sie sollten sich «entspannen». Mehr als die Hälfte gaben an, dass sie aufgrund solcher Erfahrungen auf weitere Hilfe verzichteten. Eine aktuelle Analyse fasst das so zusammen: Medical Gaslighting führt zu Misstrauen gegenüber der Medizin, verzögert Diagnosen, sorgt für Unterberichterstattung und gefährdet damit die Gesundheit von Millionen Menschen.[26]

Schmerz ist eine Sprache des Körpers, die nicht ignoriert werden will. Doch genau das passiert so oft: Er wird ignoriert, bagatellisiert, weggedrückt. Und wir machen mit. Wir haben gelernt, den Schmerz zu ertragen. Tablette nehmen, weitermachen.* Oder: still zurückziehen, alles alleine aushalten.

Eva Biringer kommentiert in ihrem Buch «Unversehrt» dazu, dass das Ganze noch schwerer wird, wenn wir über psychischen oder seelischen Schmerz sprechen. Körperlicher Schmerz ist (immerhin) sichtbar: Blut, Krämpfe, Bewegungseinschränkung. Da hat die Medizin Anknüpfungspunkte. Psychischer Schmerz dagegen bleibt für andere unsichtbar. Er macht einsam. Er schließt uns ein in die eigene Innenwelt und schließt uns gleichzeitig aus der Verbindung zu anderen aus.
Und die Reaktionen darauf? Häufig Rückzug der Menschen um einen herum, weil sie nicht wissen, wie sie damit umgehen sollen. Dazu noch Abwertungen und Kommentare wie: «Mach doch mal Sport», «Denk positiv», «Stell dich nicht so an». Das ist Tabuisierung und Beschämung in Reinform. All das, der physische und psychische Schmerz, sind Probleme, die schnell wieder verschwinden sollen. Für die wir uns zu schämen haben. Genau hier wird deutlich, wie eng Schmerz und Scham verwoben sind. Wer mit PMDS kämpft, wer nicht «funktioniert wie die anderen», wer Zyklusschmerzen erlebt, die als normal gelten, der erlebt neben dem Schmerz selbst auch noch Scham darüber, überhaupt zu leiden.

* Ich habe nichts gegen Schmerzmittel, ganz im Gegenteil. Wir sollten die Möglichkeiten der modernen Medizin nutzen, um unser Leben angenehmer zu gestalten, anstatt sinnlos zu leiden. Es geht nicht um Schmerz aushalten, sondern darum, ihm zuzuhören UND ihn zu lindern.

WIE GEHE ICH MIT SCHMERZ UM? WAS HABE ICH ÜBER SCHMERZEN GELERNT?

Eva Biringer ist der Auffassung, dass unsere Art, mit Schmerz umzugehen, etwas über uns aussagt. Ich sehe das auch so und füge hinzu: Sie sagt vor allem etwas darüber aus, was uns über den Umgang mit Schmerz beigebracht wurde.

Ich habe gelernt, Schmerzen zu relativieren. Mein Fuß tut seit Jahren weh, aber «ist ja nicht so schlimm, ich kann ja trotzdem noch durch die Gegend laufen». Meine Menstruationsschmerzen? «Andere haben Endometriose, da kann ich nicht jammern.» Eine Freundin erzählte mir, ihre Schmerzen seien nur eine 5 auf der Skala – weil eine Geburt ja bestimmt noch schlimmer sei. Wir messen uns immer an etwas Schlimmerem, um unseren eigenen Schmerz zu lindern. Das ist absurd. Wenn du dich übergeben musst, nicht laufen, nicht arbeiten kannst, dann ist das eine 10. Deine persönliche 10. Schmerzskalen sind subjektiv, und genau deshalb dürfen wir aufhören, sie kleinzureden.

Viele von uns haben eine zutiefst ambivalente Beziehung zu ihrem Körper. «Mein Körper, ein Tempel. Nicht jedoch, wenn er sich meinem Willen widersetzt», schreibt Eva Biringer.[27] Genau das ist es: Solange der Körper funktioniert, lieben wir ihn. Aber sobald er schmerzt, wird er zum Problem, das wir lösen müssen. Und zugleich fügen wir ihm paradoxerweise Schmerzen zu, um der Norm, die uns treibt, zu entsprechen. Biringer schreibt: «Ein ganz normaler Tag im Leben einer ganz normalen Frau: Die Jeans kneift in die Oberschenkel, der BH schnürt den Brustkorb ab, die sogenannte *Shapewear* zerquetscht die Eingeweide.»[28]

Warum? Weil Generationen vor uns es so vorgemacht haben. Weil uns erzählt wurde, das sei normal. Weil wir Vorbilder gesehen haben, die Schmerzen wegdrücken, weitermachen, keine Schwäche zeigen. Weil Leistungsgesellschaft und Care-Arbeit uns lehren: Funktionieren ist Pflicht, Schmerz ist Nebensache und Störfaktor.

Vielleicht hast du ja Lust, mal zu überlegen: Was hast du über Schmerz gelernt? Was wurde dir darüber beigebracht? Wie gehst du mit deinem Schmerz und den Schmerzen anderer um? Welche Rolle spielt Schmerz in deinem Leben und deinem Alltag?

Autsch, es tut ganz schön weh, das zu lesen, oder? Lass uns kurz durchatmen.

Leg das Buch mal kurz weg und atme tief durch die Nase ein, halte den Atem kurz und atme durch den Mund wieder aus. Spüre deine Haut. Die Kontaktpunkte deines Körpers mit Stuhl, Couch oder Bett. Wenn du magst, leg eine Hand auf den Bauch und spüre, wie sich deine Bauchdecke sanft hebt und senkt. Mhhh, das tut gut, oder?

Bereit für die nächste Etappe?

Wir müssen über Scham sprechen. Wie krass ist es eigentlich, dass ich mich so lange dafür geschämt habe, dass ich wegen PMDS so schlecht klarkam? Mich dafür geschämt habe, dass ich nicht wusste, was es ist, und es damit weder mir noch irgendjemand anderem erklären konnte? Wild, oder? Vielleicht aber auch nicht, wenn man überlegt, wie schambehaftet psychische Krankheiten und unsichtbare Phänomene sind, die (noch) niemand kennt? Damals hab ich mich vor lauter Scham sehr zurückgezogen, versucht, alles zu verstecken – und war damit so einsam wie nie.

SCHAM: DIE STILLE LAST

Wenn Schmerz laut schreit, dann ist Scham ein leises Flüstern, ein unsichtbares Korsett, das uns einengt. Wir alle kennen es: diese Hitze, die uns ins Gesicht schießt, das Bedürfnis, im Boden zu versinken. «Scham ist ein einschränkendes Gefühl», sagt Maria Popov im Podcast *Zwischen den Zeilen*, «sie frisst sich in den Körper rein und wirkt dann von innen heraus.»[29]
Die Gesellschaft, in der wir leben, hat großen Einfluss darauf, was wir als beschämend empfinden, denn das lernen wir ab dem Lebensalter von ca. 2 Jahren. Der Journalist Matthias Kreienbrink verweist auf eine Studie aus dem Jahr 2018, die Scham in verschiedenen Kulturen weltweit untersucht hat: In jeder Gemeinschaft ist Scham mit der Abwertung der sozialen Stellung verbunden. Doch je nach Zeit und Ort unterscheiden sich die Anlässe drastisch. In Japan gilt es als Schande, nach Hilfe zu fragen. Bei einer Bevölkerungsgruppe im Amazonasgebiet tragen die Frauen nur eine Schnur um die Körpermitte, aber wenn sie diese ablegen sollen, schämen sie sich. Jede Gesellschaft bestimmt also für sich, was als peinlich gilt.[30]
Das Wort Scham kommt vom althochdeutschen «scama»: Beschämung, Schande, aber auch: sich bedecken, sich verstecken.[31] Die indogermanische Wurzel *kem bedeutet «zudecken, verschleiern, verbergen».
In der Psychologie gilt Scham als selbstbewusste Emotion, die erst entsteht, wenn wir uns selbst durch die Augen anderer sehen und lernen, wofür wir uns schämen sollen und wofür nicht. Das APA Dictionary of Psychology beschreibt sie als «unangenehme, selbstbewusste Emotion, verbunden mit negativer Selbstbewertung, Gefühlen von Bloßstellung, Ohnmacht und Unwürdigkeit».
Scham ist überall zu finden: Sie sitzt in den kleinsten All-

tagssituationen. Tampons heimlich in der Handtasche verschwinden lassen, als wären sie Schmuggelware. Ein Blutfleck auf der Hose – Horror, sofortiger Fluchtimpuls. Körperhaare, die wachsen, wo sie angeblich nicht sollen. Vulvalippen, die nicht der pornografischen Norm entsprechen. Ein BH, der einschneidet, ein Bauch, der sich sichtbar wölbt. Jede dieser Erfahrungen kann Scham auslösen, etwas mit auf den inneren «Schamstapel» legen, der sich über die Lebensjahre in uns auftürmt.

Auch die Sprache beschämt uns und gibt Hinweise, für was es sich zu schämen gilt: Sicherlich hast du auch noch gelernt, dass deine Vulva und Vagina als «Schambereich» bezeichnet werden und deine Vulvalippen als «Schamlippen». Wen wundert es eigentlich noch, dass wir uns so oft falsch, nicht gut genug fühlen, wenn wir uns allein diese Tatsache mal genauer anschauen? Wenn das das ist, was wir als Kinder über unseren Körper lernen?

Gerade als Frauen* haben wir gelernt, dass wir es nie richtig machen können: Zeig dich, aber bitte nicht so. Sei schön, aber nicht zu sexy. Sei gepflegt, aber um Himmels willen nicht «zu künstlich». Wer diese Regeln bricht, bekommt Kommentare, Blicke, Tuscheln.

Beschämung funktioniert somit auch als Machtinstrument. Wie Matthias Kreienbrink sagt: «Scham ist eine mächtige Waffe, sie kann Hierarchien herstellen oder verstärken.»[32] Sie hält uns in Schach, sie sorgt für Anpassung. Und irgendwann braucht es niemanden mehr, der uns beschämt – wir machen es selbst, weil wir die Scham ja schon lange internalisiert haben.

Und genau hier zeigt sich, wie Scham nicht nur individuell wirkt, sondern systemisch verankert ist. Die Soziologin, Philosophin und Literaturwissenschaftlerin Laura Späth schreibt: «Psychische Erkrankungen werden als ein Zusammenspiel von drei Faktoren gesehen: psychologischer, biologischer und sozialer. Trotzdem glauben viele, dass nur der erste Faktor und manchmal der zweite relevant sind.»[33] Über die gesellschaftlichen, auch ökonomischen Ursachen wird viel zu wenig gesprochen. Dabei gilt: Was für unsere Körper gilt, gilt genauso für unsere Psyche – auch sie ist geformt von kapitalistischen Verhältnissen, von Klassenzugehörigkeit, von den Bedingungen, unter denen wir leben und arbeiten.

In extremer Form zeigt sich diese Beschämung bei Periodenarmut: In Deutschland hat jede vierte Frau (23 %) Probleme, die monatlichen Ausgaben für ihre Periode zu finanzieren.[34] Weltweit können etwa 500 Millionen Frauen und Mädchen ihre Menstruation nicht sicher managen, oft aus Angst vor Scham, noch bevor körperliche Hygiene überhaupt eine Rolle spielt.

Viele von uns verwechseln Scham- und Schuldgefühle miteinander. Doch der Unterschied ist entscheidend, besonders wenn wir über PMS und PMDS sprechen. Die Psychologin Helen Block Lewis hat bereits in den 1970er-Jahren den Unterschied zwischen Schuld (auf das Verhalten bezogen) und Scham (auf die Identität bezogen) beschrieben.

Hier ein Beispiel, was das konkret bedeuten kann:

Schuld sagt: «Ich habe in der Lutealphase meinen Partner angeschrien, das war nicht okay.» Hier sind wir also auf der Ebene meines Verhaltens.

Scham sagt: «Ich bin ein schrecklicher Mensch, weil ich in der Lutealphase meinen Partner anschreie. Ich bin das Problem.»

Schuldgefühle betreffen also unser Verhalten und helfen uns, es ggf. zu ändern. Schamgefühle hingegen zielen auf unsere

Identität und machen uns selbst zum Fehler. Genau deshalb kann Scham im Kontext von PMS und PMDS so zerstörerisch auf die Psyche und das Selbstbild wirken – weil wir oft das Gefühl haben, «außer Kontrolle» zu sein. Ich war in meinen schlimmen Phasen oft gefangen in einem Teufelskreis von ausrasten, anschließender Scham und Schuldgefühlen. Diese Gefühle haben so sehr ineinandergegriffen, dass ich sie nicht mehr auseinanderhalten konnte und irgendwann unsicher war: Was ist mein Verhalten, und was bin eigentlich ich, also meine Identität? Bin ich die wilde Furie? Oder doch die eigentlich ganz coole Frau, die bloß undiagnostiziert versucht, ihren dadurch erschwerten Alltag auf die Reihe zu bekommen?

Scham ist kein harmloses Randgefühl, sondern ein Risikofaktor. Sie führt zu Einsamkeit und verhindert medizinische Hilfe.

Studien zeigen, dass Scham Depressionen, Angststörungen und Essstörungen verschärfen kann. Sie führt zu Rückzug, Isolation und Selbstkritik. Und diese Isolation, wir spüren sie als Einsamkeit, macht uns Menschen körperlich und psychisch krank. Eine Metaanalyse der Brigham Young University kam zu dem Ergebnis: Einsamkeit ist so gesundheitsschädlich wie das Rauchen von 15 Zigaretten am Tag. Scham ist einer der Motoren dieser Einsamkeit.

Besonders Frauen berichten, dass Scham sie von medizinischer Hilfe fernhält. Wer gelernt hat, dass Schmerzen «übertrieben» seien, verschweigt Symptome. Wer sich für den eigenen Körper schämt, geht später zum Arzt. Eine qualitative Studie in BMC Public Health aus dem Jahr 2024 beschreibt, wie tief Menstruation mit Scham und Misstrauen verknüpft ist.[35]

Bei Menstruation und Zyklus wird diese Scham existenziell. Denn hier haben wir ein dreifaches Tabu:
Erstens: Frausein ist tabuisiert. Weibliche Körper gelten als problematisch, als «zu viel», als unberechenbar, als zu kompliziert für die Forschung. Menstruation wird als Makel behandelt, den man verstecken muss.
Zweitens: Mentale Gesundheit ist tabuisiert. Wer nicht durchgehend funktioniert, wer Pausen braucht, wer emotional ist, gilt als schwach. In einer Leistungsgesellschaft ist psychisches Leiden (noch) ein Zeichen von persönlichem Versagen (obwohl es größtenteils systemisch / gesellschaftlich verursacht wird).
Drittens: Der Menstruationszyklus an sich ist tabuisiert. Zyklusbedingte Schwankungen werden nicht als natürlich und als Stärke, sondern als Störung gesehen. Besprechbar im Alltag ist der Zyklus keinesfalls, insbesondere in der Arbeitswelt.

Diese dreifache Last sorgt dafür, dass wir uns nicht nur für unseren Körper schämen, sondern auch für unsere Emotionen, für unser «nicht funktionieren», für das, was wir in schweren Phasen anrichten oder durchmachen müssen. Ganz schön abgefuckt, oder?
Kreienbrink beschreibt, was in solchen Momenten passiert: «Es kommt nicht nur zu einer Entfremdung von den anderen, sondern auch von uns selbst. Ich wechsle in der Scham die Perspektive, schwebe plötzlich über mir und sehe mich, wie andere mich sehen.»[36] Genau das erleben viele von uns in der Lutealphase: Wir beobachten uns selbst von außen, sehen das «Monster», das wir zu sein glauben, und schämen uns dafür.

SCHAM ENTZAUBERN: TEILEN, GEMEINSCHAFT, SELBSTMITGEFÜHL

Scham überlebt nur durch Schweigen und Isolation. Deswegen ist Teilen und Verbindung in wohlwollender Gemeinschaft so wichtig, um Scham ihre Macht zu nehmen.
Hier kommt die Kraft der Verbindung ins Spiel. Meistens, das kennst du vielleicht auch, passieren lauter schöne Dinge, wenn wir etwas teilen, wofür wir uns schämen. Zumindest in sicheren Gemeinschaften, in denen der Raum dafür da ist. Dort können wir erleben, dass genau die Dinge, die wir mit Herzklopfen teilen, weil sie uns so peinlich sind, bei den anderen für Dankbarkeit sorgen. Dankbarkeit darüber, dass wir es mit ihnen teilen, froh, dass wir darüber reden, ähnliche Geschichten haben, das nachempfinden können. Und plötzlich sind wir nicht mehr allein.
Ich weiß das aus eigener Erfahrung. Als ich angefangen habe, offen über meine PMDS zu sprechen – über die Wut, die Verzweiflung, das Gefühl, neben mir zu stehen –, hatte ich Angst. Angst, dass die Leute denken: «Die ist ja komplett durch.» Stattdessen kam nach jedem Workshop, nach jedem Post auf Social Media mindestens eine Person auf mich zu und sagte: «Ich glaub, mir geht es auch so. Ich dachte, ich bin die Einzige.» Und in diesem Moment war keine von uns mehr allein.

Wir sehen also, Scham muss nicht das letzte Wort haben, was uns stumm bleiben lässt. Das sagt auch Kristin Neff, Pionierin der Self-Compassion-Forschung. Sie beschreibt Selbstmitgefühl als Gegengift zur Selbstzerfleischung. Statt uns für Fehler oder Schwächen fertigzumachen, können wir lernen, uns selbst wie einer guten Freundin zu begegnen: freundlich,

verständnisvoll, geduldig. Studien belegen, dass Selbstmitgefühl nicht nur psychische Belastungen reduziert, sondern auch Resilienz stärkt und uns hilft, Schamgefühle einzuordnen, ohne von ihnen überrollt zu werden.
Scham ist ein Machtinstrument, und wir können uns davon befreien. Auch wenn das fast unglaublich klingt: Wir dürfen aufhören, uns für unseren Körper, unseren Schmerz, unser Nichtfunktionieren und unsere Scham zu schämen.* Scham verliert ihre Macht, wenn wir sie beim Namen nennen. Lasst uns über unsere Blutung, die Wut in der Lutealphase, über das, was uns wirklich bewegt, reden. Jedes Mal, wenn wir das tun, machen wir den Weg frei für uns selbst und für alle, die nach uns kommen.

WUT: KRAFTQUELLE UND WEGWEISERIN

Ich bin schon seit einigen Absätzen wütend. Ich finde es immer noch so krass, mich dafür geschämt zu haben, dass es mir nicht gut geht. I mean, what the actual fuck? Immer wenn ich daran denke, macht mich das wütend. Und du hast sicherlich auch Beispiele aus deinem Leben, in denen du ähnlich denkst oder fühlst. Gut so. Denn genau hier, wo Schmerz und Scham sich treffen, entsteht Wut. Sie ist genau das, was uns aus der Isolation von Schmerz und Scham wieder ins Handeln bringen kann.

* Wir dürfen aufhören, uns zu schämen, müssen es aber nicht. Und natürlich soll hier der Vollständigkeit halber gesagt werden, dass Scham in unserer Gesellschaft auch wichtige, reglementierende Funktionen hat, die das Leben im Alltag miteinander erleichtern, weil wir uns alle an bestimmte Regeln halten.

Lange Zeit war Weinen meine einzige Reaktion auf Wut. Nicht weil ich traurig war, sondern weil ich als braves Mädchen gelernt hatte: Tränen sind erlaubt, Wut nicht. Tränen bringen Trost und Aufmerksamkeit, Wut bringt Ablehnung. Also habe ich geweint, wenn ich eigentlich vor Wut hätte explodieren können. Bis in meine 30er hinein.

Wut. Das Gefühl, das uns beigebracht wurde, zu verstecken, zu schlucken, zu kontrollieren. Das Gefühl, für das wir uns schämen sollen, besonders als Frau*. Dabei ist Wut eine der mächtigsten und wichtigsten Emotionen, die wir haben. Sie ist unser innerer Kompass, unser Grenzmelder, unser Antrieb für Veränderung. Schon früh lernen wir, welche Emotionen erlaubt sind und welche nicht: Mit Mädchen wird mehr über Traurigkeit gesprochen, mit Jungen eher über Konflikt, Wut oder Rache. Mädchen werden zu Empathie und Perspektivenübernahme motiviert, bei Jungs kommt es schneller zu einem Machtwort.[37] Das Ergebnis: Wir haben gelernt, an die anderen zu denken, statt unsere eigenen Grenzen zu spüren. Wir haben Wut verlernt, weil wir systematisch darauf trainiert wurden, sie zu unterdrücken.

Kennst du deine Wut? Woran merkst du, dass du wütend bist? Und was machst du dann mit deiner Wut?

Spürst du, wie dein Herzschlag sich beschleunigt? Dir heiß wird, dich Bewegungsdrang überkommt? Oder wirst du ganz regungslos, weil das uralte «Fight, Flight oder Freeze»-System dich eher erstarren lässt?

WUT UND GESCHLECHT: WER DARF WÜTEND SEIN?

Wut ist an sich nichts Schlechtes. Sie gehört zu unserer emotionalen Grundausstattung. Sie ist Information, die sich in Energie übersetzen lässt. Sie zeigt uns: Das stimmt für mich nicht. Die Art, wie unsere Gesellschaft mit Wut umgeht, hängt stark davon ab, wer sie zeigt. In unserer Gesellschaft wird Wut als unweiblich betrachtet, als ob diese Emotion nur Männern zusteht. Während männliche Wut oft als Durchsetzungskraft oder Leidenschaft interpretiert wird, gelten wütende Frauen schnell als hysterisch, zickig oder «schwierig».
Dabei fühlen Frauen Wut genauso häufig wie Männer. Friederike von Aderkas, Autorin des Buches «Wutkraft», berichtet, dass etwa acht von zehn Teilnehmenden in ihren Kursen keinen Zugang zu ihrer Wut haben. Bemerkenswert ist, dass die meisten denken, sie seien die Einzigen, denen diese Verbindung fehlt. Ich fühl's. I mean, ich trau mich nicht mal, im Wald laut zu schreien, hab einfach keine Ahnung, wie ich das machen soll, und schäme mich vor mir selbst dafür. So unbeholfen fühle ich mich mit meiner Wut (zumindest was das Schreien im Wald angeht).

Es wird noch komplexer, wenn wir Wut intersektional betrachten: Eine wütende *weiße* Frau wird anders bewertet als eine wütende Schwarze Frau. Das «Angry Black Woman»-Stereotyp ist nur ein Beispiel dafür, wie Rassismus und Sexismus sich verbinden und bestimmte Menschen doppelt und dreifach bestrafen, wenn sie ihre Wut zeigen.
«Wer wütend sein darf, hat Macht. Wer es nicht sein darf, wird kontrolliert.»[38] Dieser Satz von Ciani-Sophia Hoeder bringt es auf den Punkt. Kein Wunder also, dass viele von uns ihre Wut

schlucken. Wir haben gelernt: Brav, unkompliziert und pflegeleicht zu sein, wird belohnt. Weibliche Wut wird bestraft.
Hoeder macht weiter deutlich: Wer seine Wut dauerhaft unterdrückt, arrangiert sich mit dem Status quo, und das verhindert Veränderungen in unserem Leben und in der Gesellschaft.
Und nicht nur das, wie Scham und Schmerz kann unterdrückte Wut uns ebenso isolieren, uns sogar krank machen. Und sie belässt Probleme auf der individuellen Ebene, statt sie dort anzusprechen, wo sie größtenteils gelöst werden müssen: auf der kollektiven, strukturellen Ebene.
Wenn wir unsere Wut nicht zeigen, können wir auch nichts verändern. Wir bleiben gefangen in dem, was ist.
Und trotzdem keine Sorge, du musst jetzt nichts tun, was dir nicht liegt, oder wütend sein, obwohl du es nicht bist. Es ist auch nicht schlimm, wenn du deine Wut gar nicht kennst, nicht weißt, wie sie sich anfühlt usw. Damit bist du nicht allein.

PRÄMENSTRUELLE WUT: KEIN BUG, SONDERN FEATURE

Deine Wut hat eine Heimat im Zyklus. Einen Ort, wo sie besonders deutlich durchkommt, wo sie nicht mehr zu überhören ist: in der prämenstruellen Phase. Ich bin mir ziemlich sicher, dass, selbst wenn du sonst nicht viel Zugang zu deiner Wut hast, du sie in deiner prämenstruellen Phase schon mal gespürt hast. Und prämenstruelle Wut ist keine Störung, sie ist ein Geschenk. Hä? What? Das meinst du nicht ernst, Franzi, oder?
Doch, tue ich. Stay with me.

Warum sind wir in der prämenstruellen Phase überhaupt so wütend? In dieser Phase funktioniert die Anpassung nicht mehr so gut, die uns rund um den Eisprung hervorragend gelingt. Der «Glitzer» des Östrogens verschwindet, du hast dein Bullshitometer an, und plötzlich siehst du glasklar, was in deinem Leben und in der Welt schiefläuft. Der Frontalkortex – dein Wut-Unterdrücker im Gehirn – wird durch den Progesteronabfall weniger aktiv. Dein limbisches System kann endlich ungefiltert sprechen und freut sich auf Momente von «Was ich schon IMMER mal sagen wollte».
Deine prämenstruelle Phase wirkt wie eine Lupe, die Missstände sichtbar macht. Sie ruft deine tief im Inneren sitzenden Anteile auf den Plan, die voller Liebe und Selbstwert sind (auch wenn das nicht immer auf den ersten Blick sichtbar ist, weil sie dir eher wie wilde Monster vorkommen – so ging es mir lange damit).

Diese rohe, wahrheitssagende Kraft der prämenstruellen Phase ist unbequem. Sie zerstört Illusionen – die Illusion, dass alles okay ist, wenn es das nicht ist. Die Illusion, dass du immer «nett» sein musst. Die Illusion, dass deine Bedürfnisse unwichtig sind. Das ist unbequem, auch für uns selbst. Wenn du das einmal gemerkt hast, wird es immer schwerer, das zu ignorieren, und somit immer unbequemer. Dieses Unbehagen, diese Wut zum Ausdruck zu bringen, fühlt sich meist ziemlich aufregend und wie ein Wagnis an. Besonders als Frauen* haben wir ja gelernt, dass wir potenziell von der Herde ausgestoßen werden, wenn wir aus der Reihe tanzen. Unsere Wut zu zeigen, bleibt wahrscheinlich noch lange eine Mutprobe. Oftmals wissen wir gar nicht genau, wie wir sie zeigen können, weil es neu und ungewohnt für uns ist (zum Wie kommt gleich noch mehr).

Aber Franzi, sind das nicht nur die Hormone? Ich bin ja nur prämenstruell so wütend, und sonst stört mich XY nicht. Ist nicht die gute Zeit im Zyklus die eigentliche Wahrheit? Äh, jein, du und ich, wir wissen beide, dass das nicht stimmt. Wenn du ganz tief in dich reinhörst, weißt du schon, dass mindestens 1% Wahrheit in deiner Wut und deinem Ausraster steckt. Of course sind prämenstruell die Hormone am Werk, das stimmt. Aber sie sind nicht alleinige Ursache für deine Wut. Sie sind vielmehr deine Lupe, die sehr deutlich zeigt, was für dich nicht stimmig ist, was dir wichtig ist, wo du Veränderungen brauchst. Deine Hormone verstärken das, was sowieso da ist.
Wenn deine Grenzen verletzt werden, wirst du das spüren, egal ob bewusst oder unbewusst. Die prämenstruelle Phase macht es nur lauter, klarer, unignorierbarer.

Jeden Zyklus lädt dich dein Körper neu ein, Wut zu spüren, sie kennenzulernen, mit ihr in Kontakt zu kommen. Deine Lutealphase ist die Heimat deiner Wut, und genau deshalb ist sie so wertvoll.

WUT ALS SELBSTMITGEFÜHL: FIERCE SELF-COMPASSION

Was uns die Wut auch zeigt? Wie viel wir uns selbst wert sind. Das tut jetzt vielleicht etwas weh, aber ich schreibe das alles mit ganz viel Liebe und Wärme auf.
Stehst du für deine Interessen ein? Lässt du zu, dass andere über deine Grenzen gehen? Wo verkaufst du dich unter Wert?
Die Psychologin Kristin Neff spricht im Zusammenhang mit

Wut von «Fierce Self-Compassion»: kraftvollem Selbstmitgefühl. Während sanftes Selbstmitgefühl bedeutet, freundlich mit uns selbst umzugehen, bedeutet kraftvolles Selbstmitgefühl, für uns selbst einzustehen. Grenzen zu ziehen. Nein zu sagen. Uns zu schützen. Zu Mama Bear oder zur wilden Tigerin zu werden.
Wut ist also auch eine Form von Selbstmitgefühl. Sie sagt: Was hier passiert, ist nicht okay. Ich bin mir selbst wichtig genug, um das nicht hinzunehmen. Sie verbindet dich mit dir selbst, mit deinem Kern, mit dem, was dir wichtig ist, was du anders willst, wofür du stehst.

Wut trennt und verbindet uns zugleich. Sie zeigt uns, wo die Trennung verläuft, wo unsere Grenzen liegen. Und dann verbindet sie uns zugleich mit uns selbst, mit unseren Werten, unserer Kraft, unserer Wahrheit.
Dein Körper hilft dir dabei, deine Wut kennenzulernen, und hat jederzeit wichtige Informationen für dich verfügbar: Wo spannst du dich an? Wo wird es eng? Wo steigt Hitze auf? Das sind die Signale, die dir sagen: Hier ist etwas, das Aufmerksamkeit braucht.
Deine Wut füttert deine Selbstwirksamkeit, deine Selbstliebe und dein Selbstvertrauen. Sie stärkt das Vertrauen in dich, in deinen Körper, in deine Wahrnehmung. Sie hilft dir, ins Handeln zu kommen, die Opferrolle zu verlassen und zur Gestalter*in deines Lebens zu werden.
Deine Wut ist deine Wegweiserin. Du kannst sie als Kompass nutzen, denn sie zeigt dir zuverlässig, was dir nicht passt und wo du dich nicht gesehen, gehört und fair behandelt fühlst. Sie flüstert dir zu (und manchmal schreit sie auch):
Hier geht's lang. Hier ist etwas, das Aufmerksamkeit braucht. Hier ist etwas, das sich verändern will.

Überleg mal, was dir deine Wut schon alles gebracht hat. Welche Veränderungen hat sie ermöglicht? Hast du einen Job gekündigt, eine ungute Beziehung beendet, bist für dich eingestanden und hast dich behauptet? Wenn du Lust hast, liste die konkreten Beispiele auf und schau dir mal an, was sich dadurch für dich schon bewegt hat. Cool, oder?

Ich kann z. B. sagen, dass ich dank meiner Wut bereits:

- einen schlimmen Job gekündigt habe,
- mich aus einer Mobbing-Situation befreit habe,
- für mich und meine Werte eingestanden bin, als ich in der Sauna sexuell belästigt wurde,
- Dinge gesagt habe, bei denen ich vorher Angst hatte, sie auszusprechen, und somit mehr Ruhe und Frieden in meinen Alltag gebracht habe,
- mich so oft richtig doll gespürt habe,
- eine Lösung für mein Leben mit PMDS gefunden habe,
- dieses Buch geschrieben habe
- ...

Meine Wut hat mir gezeigt, wo ich mich selbst nicht ernst genug genommen habe. Wo ich es anderen erlaubt habe, über meine Grenzen zu gehen. Wo ich dachte, ich müsse alles aushalten, nur um geliebt zu werden.

Heute weiß ich: Meine Wut ist berechtigt. Sie ist wichtig. Sie ist ein Geschenk. Sie ist meine Freundin, die mir den Weg weist.

Es ist normal, dass es sich scary anfühlt, wenn wir etwas tun, was wir weder gelernt noch vorgelebt bekommen haben. Es

ist im Grunde literally ein Tabubruch, wenn wir das zulassen, und zugleich ein Fuck You für die patriarchalen Prägungen, unter denen wir alle leiden.
Lernen, unsere Wut auszudrücken, etwas mit ihr zu machen, sie rauszulassen, ist wie laufen lernen. Es wird messy. Es wird etwas schiefgehen. Du wirst mal auf die Nase fallen und stolpern. Und mit der Zeit wirst du immer besser, immer sicherer.

Es ist okay, wenn du noch nicht weißt, wie du mit deiner Wut umgehen sollst. Es ist okay, wenn sie dir manchmal noch Angst macht. Es ist okay, wenn du dich noch nicht traust, sie zu zeigen. Manchmal wirst du deine Wut lieben, manchmal wird sie dich überrollen. Beides ist okay. Das gehört zum Lernprozess dazu.
Sei wild und wütend. Und trotzdem: Sei nachsichtig mit dir selbst. Wir sind Menschen, und die sind per se imperfectly perfect. Es kann gut sein, dass deine Wut zu Beginn sehr heftig aus dir herausbricht und du mit der Zeit ein Maß findest, das sich für dich stimmig und sicher anfühlt. Später lernst du vielleicht sogar, deine Wut bewusst und strategisch einzusetzen. Ich war mal in einem Rhetorik-Training für Frauen*, bei dem die Trainerin davon sprach, wie sie mit gezielten Explosionen ihre Wut strategisch einsetzt. Das hat mich inspiriert.
Wut da sein zu lassen und zu zeigen, bedeutet auch, Raum einzunehmen. Raum, der Frauen* nicht zugesprochen wurde. Das ist ungewohnt für alle Beteiligten. Es bedeutet, etwas zu wagen, sich etwas zuzumuten. Und das kann einen Preis haben. Genauso wie es einen Preis hat, wenn wir das nicht tun. Unterdrückte Wut ist Stress. Stresshormone, die abgebaut werden müssen, damit wir nicht krank werden.

DAS SYSTEM IST DAS PROBLEM

Das Problem ist nicht, dass du wütend bist. Das Problem ist ein System, das deine Wut seit Generationen unterdrückt. Genauso wie nicht der Zyklus das Problem ist, sondern das kulturelle und gesellschaftliche System, das ihn ignoriert und abwertet. PMS und PMDS sind Ausdruck einer systemischen Abwertung des Zyklus, insbesondere der prämenstruellen Phase.

Prämenstruelle Wut und Wildheit widersprechen patriarchalen Erwartungen an «angepasste» Weiblichkeit. Das führt zu Stigmatisierung und Selbstzweifeln. Vielleicht ist es langsam mal Zeit, das Bild von Weiblichkeit zu verändern, es vollständiger zu machen.

«Wut ist nicht unweiblich, unattraktiv oder egoistisch. Sie hat uns historisch dazu verholfen, dass wir heute wählen können oder ein eigenes Bankkonto besitzen. Sie warnt uns, schützt vor Ungerechtigkeit, treibt an. Sie kann ein Katalysator sein, ein Motor. Warum also nutzen wir diese Kraft nicht?», so Ciani-Sophia Hoeder in ihrem Buch «Wut und Böse»[39].

WUT UND HEILUNG: WARUM MENSTRUAL HEALTH ZUGLEICH MENTAL HEALTH IST

Lass uns das mal ganz klar machen: Wut spüren und ausdrücken ist nicht nur emotional befreiend, es ist ein fundamentaler Baustein deiner Gesundheit. Mental Health und Menstrual Health sind hier untrennbar verbunden.

Wir haben es in den vorherigen Kapiteln gesehen: Unterdrückte Emotionen machen uns krank. Chronischer Stress durch weggedrückte Wut schwächt das Immunsystem, löst

Entzündungsprozesse aus, erhöht das Risiko für Depressionen und Angststörungen. Studien zeigen, dass Menschen, die ihre Wut dauerhaft unterdrücken, häufiger unter Autoimmunerkrankungen, Herz-Kreislauf-Problemen und psychischen Erkrankungen leiden.

Wenn wir Wut spüren und ausdrücken lernen, passiert das Gegenteil: Wir bauen Stresshormone ab. Wir setzen Grenzen, die uns schützen. Wir stärken unsere Selbstwirksamkeit – das Gefühl, dass wir etwas bewirken können, dass unser Handeln Bedeutung hat. Das ist nicht nur psychologisch wertvoll, sondern hat messbare Auswirkungen auf unsere körperliche Gesundheit.

Und hier wird es noch spannender: Viele prämenstruelle Symptome – die Gereiztheit, die Überwältigung, die körperlichen Beschwerden – sind oft Ausdruck von unterdrückter Wut, die sich körperlich äußert. Wenn wir 25 Tage im Monat «brav» sind, uns anpassen, über Grenzverletzungen hinwegsehen, dann explodiert all das in der Lutealphase. Nicht weil die Hormone uns «verrückt machen», sondern weil unser Körper den Weg frei macht für das, was wir die ganze Zeit weggedrückt haben. Wie ein Wasserball, den du krampfhaft unter Wasser hältst. Irgendwann, in unserem Fall in der Lutealphase, lässt deine Kraft nach, und er schießt mit voller Wucht an die Oberfläche. Je tiefer du ihn runtergedrückt hast, desto heftiger springt er dir entgegen.

Wenn du lernst, deine prämenstruelle Wut als Informationsquelle zu nutzen, wird dein Zyklus vom Problem zur Ressource. Er zeigt dir jeden Monat neu, wo Veränderung nötig ist. Wo du deine Grenzen setzen musst. Was in deinem Leben nicht mehr passt.

Das bedeutet nicht, dass PMS oder PMDS «nur psychisch» sind – im Gegenteil. Es bedeutet, dass Körper und Psyche un-

trennbar verbunden sind. Menstrual Health ist Mental Health. Mental Health ist Menstrual Health.
Und genau hier kommt Body Literacy ins Spiel, der Skill, den wir in diesem Kapitel aufbauen. Body Literacy zeigt dir, wie sich Wut im Körper anfühlt: die Anspannung im Kiefer, die Hitze in der Brust, die geballten Fäuste. Das sind die Signale, die dir sagen: Hier ist etwas, das Aufmerksamkeit braucht. Sie hilft dir zu verstehen: Was will mir diese Wut sagen? Welche Grenze wurde überschritten? Was brauche ich wirklich? Und sie ermutigt dich zu handeln: die Grenze klar benennen. Für dich einstehen. Veränderungen einfordern.

Dein Zyklus ist dein monatliches Body-Literacy-Training. Jeder Zyklus ist eine Einladung, deine Wut zu spüren. Dein Körper trainiert dich jeden Monat darin, deine Grenzen zu spüren und zu schützen.
Okay, doch wohin jetzt mit meiner Wut? Ich kann mir nicht leisten, überall auszurasten, und will das auch gar nicht.

Lass uns eines klarstellen: Es geht nicht darum, jetzt jeden Tag mit dem Baseballschläger rauszugehen. Wut zu nutzen, bedeutet nicht zwingend, gewalttätig oder destruktiv zu werden.*
Es geht vor allem erst mal darum, Wut kennenzulernen und zu lernen, deine Emotionen zu verstehen und zu regulieren. Eins der größten Missverständnisse über emotionale Regulation oder neudeutsch *nervous system regulation* ist, dass

* Eines meiner Lieblingskunstwerke hängt in der Neuen Nationalgalerie in Berlin: Pipilotti Rists Audio-Video-Installation «Ever is over all». Darin läuft eine Frau mit einem als Blume getarnten Baseballschläger durch die Straßen und demoliert Autos. Sehr befriedigend anzuschauen. Ich besuche es regelmäßig, vielleicht treffen wir uns ja mal dort.

wir uns jetzt schön regulieren und dann nur noch tiefenentspannt und zen sind und gar nix mehr ein Problem für uns ist. Das ist schlichtweg falsch. Emotionale Regulation heißt nicht, immer ruhig zu sein. Es heißt, schwingungsfähig zu sein: zwischen Anspannung und Entspannung wechseln zu können, verschiedene emotionale Zustände zu durchlaufen, die ganze Bandbreite zu leben.

Deine Wut zu spüren, zu verstehen, was sie dir sagt, und dann zu handeln, kann also z. B. so aussehen:

- ein wichtiges Gespräch führen
- für dein Recht einstehen
- nicht mit dem erstbesten Angebot in einer Verhandlung zufriedengeben
- etwas Kaputtes reklamieren
- ein Buch schreiben
- eine Initiative gründen
- oder doch mal strategisch gut platziert explodieren

Wut kann dich antreiben, dich ins Handeln bringen. Sie ist ein Motor für Veränderung, eine Energiequelle. Du kannst sie in eine Form gießen, ihr eine Richtung geben.

WEGE, WUT KONSTRUKTIV AUSZUDRÜCKEN

Hier ein paar Ideen, wie du mit deiner Wut umgehen kannst, wie ihr euch besser kennenlernen könnt.

Tanzen und Bewegung: Lass die Energie durch deinen Körper fließen
Wut-Journaling: Schreib ungefiltert auf, was dich wütend macht – keine Zensur
(Strategisches) Schreien: ins Kissen, im Auto, im Wald
Körperliche Aktivität: Laufen, Boxen, Krafttraining
Grenzen ziehen: Sag Nein. Klar und deutlich. Ohne Entschuldigung oder Erklärung
Kreative Wut: Male, schreibe Gedichte (Hate Poems sind einfach nur geil), erschaffe etwas
Gespräche führen: mit Freund*innen, Therapeut*innen, Menschen, die dich verstehen
Aktivismus: Kanalisiere deine Wut in gesellschaftlichen Wandel
Strategische Konfrontation: Wähle bewusst, wann und wie du deine Wut zeigst
Das Allerwichtigste: Sorge immer zuerst für deine Sicherheit. Nur weil du kannst, bist du nicht dazu verpflichtet. Mute dir nichts zu, was dich selbst in Gefahr bringt.

DIE PRÄMENSTRUELLE PHASE: DEINE KATALYTISCHE KRAFT

Ich will dich dazu einladen, deine prämenstruelle Phase nicht als Problem, sondern als Chance zu betrachten. Als Zeit, in der du katalytisch sein kannst. Du bestimmte Situationen mit ei-

nem Blick durchdringen, jeden Bullshit durchschauen kannst. Diese Kraft kannst du nutzen, um andere zu beeinflussen, notwendige Veränderungen anzustoßen. Ja, manchmal schüttelt die Wut und Klarheit der Lutealphase uns heftig durch. Ich mag das Bild davon, dass ich von der prämenstruellen Power aufgeweckt werde, damit ich die aufweckende Kraft für andere sein kann. Das prämenstruelle Bullshitometer ist wie der Seismograf, der Missstände anzeigt und frühzeitig darauf hinweist, was in der Umgebung nicht stimmt.
Deine «Ausraster» können Wegweiser sein. Signale, dass du zu lange «falsch» gelebt hast, dass dein Leben nicht mehr zu dir als Mensch, zu deinem Körper und deiner zyklischen Natur passt. Auch wenn die Reaktion disproportional zum Auslöser erscheint – der Müll, der nicht rausgebracht wurde, der Blick, der dich getriggert hat –, können diese heftigen Momente Transformation und Heilung ermöglichen.*

GEMEINSCHAFT STATT ALLEINGANG

Veränderung braucht neben individueller Selbstverantwortung auch Verbundenheit, Austausch und Unterstützung. Um Scham zu entmachten und Isolation zu durchbrechen. Um zu verstehen: Du bist nicht allein mit deiner Wut. Du bist nicht «zu viel». Du bist nicht das Problem.
Hoeder plädiert für eine «Wut-Katharsis», in der Frauen* zusammenkommen und ihre Wut gemeinsam neu definieren, statt sie von anderen definieren zu lassen.[40] Dafür braucht es die leisen und die lauten Frauen*. Die, die in Institutionen ar-

* Ich hab's vorhin schon gesagt: Trotzdem ist die prämenstruelle Wut und diese Sichtweise kein Freifahrtschein dafür, sich besonders den liebsten Menschen gegenüber destruktiv und unfair zu verhalten.

beiten, und die, die auf der Straße protestieren. Wir brauchen einander. Das System ist das Problem. Und unsere Wut ist Teil der Lösung für die notwendigen Veränderungen.

Wut hilft uns, Schmerz ernst zu nehmen und Scham abzuschütteln!

Wut ist die Brücke aus der Isolation. Sie durchbricht das Schweigen, in dem Schmerz und Scham gedeihen. Sie gibt uns den Mut zu sprechen, uns zu verbinden, gemeinsam laut zu werden.

Deine Wut ist für dich. Sie liebt dich, deine Werte und das, was dir wichtig ist. Sie zeigt dir, wofür es sich zu kämpfen lohnt.
In der nächsten Phase deines Zyklus magst du wieder sanfter werden, die rauen Kanten glätten sich. Das ist okay. Aber vergiss nicht, was deine Wut dir gezeigt hat. Vergiss nicht die Klarheit, die sie gebracht hat.
Deine Wut ist berechtigt. Sie ist wichtig. Sie ist ein Geschenk.
Und sie wartet darauf, dass du sie endlich ernst nimmst. Der Zyklus ist dein monatliches Training darin, für dich einzustehen. Nutze es.

9.

RELATIONSHIT: LIEBE UND ANDERE KATASTROPHEN

Just the two of us
We can make it if we try
Just the two of us
...

Hörst du auch die romantischen Tunes von Bill Withers?
Aber Achtung, zwei sind da zu wenig.
Wusstest du, dass es noch ein drittes Mitglied in deiner Beziehung gibt?
Ha, yes, deinen Zyklus inkl. deiner Hormone!
Der Zyklus wirkt auf deine Beziehungen, und Beziehungen wirken auch auf den Zyklus. Das ist keine Einbahnstraße, sondern eine Wechselwirkung. Und gerade weil nahe Beziehungen unsere alten Verhaltensmuster so stark aktivieren, haben wir auf diesem Gebiet die größte Chance, zu wachsen, zu lernen und (gemeinsam) neue Wege zu finden.
Dieses Kapitel kann für dich bei allen Arten von Beziehungen hilfreich sein. Denn Liebe und Verbundenheit finden nicht nur in romantischen Zweierbeziehungen statt. Sie finden statt zwischen Freund*innen, in Familien, am Arbeitsplatz, in WGs, in Frauenkreisen, in allen Arten von Beziehungen, in denen wir uns nah sind.
Ich konzentriere mich trotzdem vor allem auf heteronormative Paarbeziehungen. Nicht weil die wichtiger wären. Sondern weil dort – gelinde gesagt – einfach viel Scheiße passiert. Weil sich dort patriarchale Systemdynamiken auf der Mikroebene spiegeln, verschärfen und individuell verhandelt

werden müssen. Weil dort oft die größten Belastungen entstehen, wenn der Zyklus ins Spiel kommt. Und weil ich aus genau dieser Konstellation heraus spreche und Mario (mein Partner) seine Perspektive ebenfalls teilt.
Auf romantischen Beziehungen, insbesondere heteronormativen, lastet enormer Druck. Wenn wir den / die eine gefunden haben, soll diese Person bitte alles für uns sein, wird schrecklicherweise auch oft «die bessere Hälfte» genannt, als wären wir vorher noch keine ganzen Menschen gewesen.
Eine Person, deine Partnerperson muss (und sollte) nicht alles für dich sein. Du bist schon komplett, so wie du bist. Wir dürfen verschiedene Menschen für verschiedene Bedürfnisse in unserem Leben haben. Wir dürfen uns nicht nur auf eine Person stützen, sondern auf ein ganzes Netz von Menschen.
Okay, wir gehen rein: in die Missverständnisse, die geknallten Türen, in Marios Perspektive auf PMDS, in die Konflikte und die Frage, wie wir da wieder rauskommen. Und welche Tools und Ansätze uns dabei helfen können, wenn der Zyklus in der Beziehung mitmischt.
Auch hier wartet keine einfache, schnelle Lösung auf dich. Aber ein wichtiger Perspektivenwechsel, einige Konzepte und Tools, die eure Beziehungen tiefer, ehrlicher und vollständiger werden lassen können – Ecken und Kanten inklusive.

Warum eskalieren die meisten Streits in der Lutealphase so krass? Warum denken wir in dieser Zeit am häufigsten über Trennung nach? Warum reicht dann manchmal ein falscher Blick, ein zu laut gesagtes Wort, eine hochgezogene Augenbraue, und schon fühlt es sich an wie Weltuntergang?
Die Antwort liegt in der heiligen Dreifaltigkeit von Gehirn, Hormonen und unseren Prägungen als Mensch.

WENN DIE AMYGDALA WIEDER EINE HISTORISCHE PARTY SCHMEISST

Erinnerst du dich noch an Kapitel 3? In der zweiten Zyklushälfte, wenn Östrogen sinkt und Progesteron steigt, verändert sich die Vernetzung in deinem Gehirn. Die Amygdala – zuständig für Emotionen und Bedrohungserkennung – läuft auf Hochtouren. Sie funkt intensiver mit dem Hippocampus (Erinnerungen) und weniger mit dem präfrontalen Kortex (Reflexion).

Das führt dazu, dass du mehr spürst, intensiver nachdenkst und dich emotionaler erinnerst. Das kann ein Geschenk sein – mehr emotionale Intelligenz, Klarheit, Intuition. Es kann aber auch zur Belastung werden, wenn zu viele Stressoren dich überfluten. Und genau an der Stelle knallt es dann in unseren nahen Beziehungen oft.

Hallooooo? Hat jemand den Raum zwischen Reiz und Reaktion gesehen? Ich kann ihn gerade nicht finden.

Dieser Raum steht uns Menschen normalerweise zur Verfügung. Das ist der Zustand, in dem wir merken: Ich bin gestresst, und in dem wir dann überlegen, was wir als Nächstes für uns tun können, wie wir uns verhalten wollen. Anschließend agieren wir erst.

Bei vielen Betroffenen von PMDS-Schüben oder heftigen prämenstruellen Stimmungsschwankungen ist dieser Raum nicht vorhanden. Sie fühlen sich einfach nur von allem überreizt und überfordert. Da wird nur noch reagiert, nicht mehr agiert.

Die Psychologin und Psychotherapeutin Dr. Almut Dorn sagt dazu: «Sehr viele Frauen beschreiben, in dem Moment auf gar keinen Fall filtern zu können. Alles geht einem sofort nah, geht sofort unter die Haut, geht sofort in die tiefste Ebene. Man stellt alles infrage.» Dazu kommen dann Selbstvorwürfe und Fragen, weshalb man in dieser Phase so viel heftiger reagiert als in anderen.
Im Alltag sieht das in der Beziehung dann z. B. so aus: Dein*e Partner*in sagt einen harmlosen Satz. Du hörst Kritik, Ablehnung oder Angriff. Dein*e Partner*in zieht die Augenbraue hoch. Du denkst: Er / sie hält mich für verrückt. Dein*e Partner*in fragt: «Hast du das erledigt?» Du hörst: «Du kriegst nichts auf die Reihe.»
Und schon bist du in der Spirale. Oder zettelst vielleicht einen Streit an. Suchst das Ventil unbewusst beim anderen und natürlich auch die Schuld. Ist ja so viel einfacher und total nachvollziehbar, wenn es dir eh schon schlecht geht.

In meinen richtig schlimmen Zeiten war es mir schlicht und ergreifend nicht möglich, Dinge zu sagen wie: «Du, ich bin gerade total überreizt, ich brauche jetzt Ruhe, und wir müssen das alles absagen.» Da bin ich einfach nur ausgerastet oder zusammengebrochen. Dazwischen gab es nichts. Alles war extrem.

Du bildest dir das nicht ein, du überreagierst auch nicht. Dein Gehirn funktioniert in diesem Moment tatsächlich anders. Und das macht es für beide Seiten so schwer.

Niemand ist allein schuld, und Konflikte brauchen immer mindestens zwei Beteiligte. Es geht hier auf GAR KEINEN FALL darum, zu behaupten, es liege alles an deinem PM(D)S-

Brain. Es geht mir darum zu erklären, wie diese Dynamiken entstehen und warum wir sie prämenstruell so schwer kontrollieren können.

VON RELATIONSHIT ZU RELATIONSHIP

Was sich als wundervoller Cocktail zum PMDS-Brain dazumischt, ist unser Menschsein an sich, genauer: unsere psychologischen Dynamiken. Die sind in nahen Beziehungen besonders gern am Werk und haben ihren ganz eigenen Charme.

WIE BINDUNGSMUSTER KONFLIKTE VERSCHÄRFEN

In unserer Kindheit entwickeln wir Verhaltensmuster, wie wir mit Nähe und Distanz in Beziehungen umgehen, die sogenannten Bindungsstile. In der Bindungsforschung werden drei grundlegende Bindungsstile beschrieben:
Sicher: fühlen sich wohl mit Nähe, sind warm, zugänglich und können Autonomie und Verbundenheit gut balancieren
Ängstlich: Wünschen sich viel Nähe, sind stark auf die Beziehung fokussiert, haben Angst vor Verlassenwerden und suchen häufig Bestätigung
Vermeidend: Erleben Nähe schnell als Bedrohung ihrer Autonomie, halten inneren Abstand, ziehen sich bei zu viel Nähe oder Konflikten eher zurück[41]
Eng verbunden mit den Bindungsstilen sind unsere Glaubenssätze, die ebenfalls in unserer Kindheit gebildet werden durch das, was wir beim Aufwachsen lernen und vorgelebt be-

kommen. Glaubenssätze sind tief sitzende Überzeugungen, die wir von uns, dem Leben und anderen Menschen haben. Sie sitzen so tief, dass sie uns oft nicht mehr bewusst sind, sondern uns eher durch das Unbewusste beeinflussen. Typische Beispiele für Glaubenssätze sind: «Ich bin zu viel», «Ich werde verlassen, wenn ich zeige, wie es mir wirklich geht», «Liebe muss man sich verdienen».

In der prämenstruellen Phase werden diese Glaubenssätze gerne lauter. Viel lauter. Das zeigt sich dann in Form von Kritik an uns selbst oder eben an anderen.

Wenn du dich tiefergehend mit Bindungsstilen beschäftigen möchtest, empfehle ich das Buch «Warum wir uns immer in den Falschen verlieben: Beziehungstypen und ihre Bedeutung für unsere Partnerschaft» von Amir Levine und Rachel Heller. Der wichtigste Punkt ist: Diese Muster sind nicht deine Schuld. Wie du heute damit umgehst, das liegt in deiner Verantwortung.

Deinen Bindungsstil zu kennen, ist allerdings keine Entschuldigung dafür, sich danebenzubenehmen. Zu verstehen, warum wir etwas tun, heißt nicht, dass wir es einfach so weitermachen dürfen. Es ist der erste Schritt für eine Veränderung.

DAS DRAMA-DREIECK

Ein anderes Konzept, das in Konflikten oft auftaucht, ist das Drama-Dreieck (nach Stephen Karpman). Es beschreibt drei Rollen, in die wir in Konflikten rutschen:

Opfer: «Mir passiert immer alles, keiner versteht mich, ich kann nichts dafür.» Oder so was wie: «Warum passiert mir das? Warum wird mir das angetan?»

Retter*in: «Ich muss das Problem lösen, ich bin verantwortlich für dein Glück.»
Verfolger*in: «Du bist schuld, du machst alles falsch, ich muss dich kritisieren.»

Das Fiese: Wir wechseln innerhalb eines Konflikts häufig unbewusst zwischen diesen Rollen. Ich war im PMDS-Schub oft das Opfer (niemand versteht mich!), dann die Verfolgerin (DU bist schuld!), Mario war der Retter (ich muss eine Lösung finden!), dann der Verfolger zurück (jetzt reicht's mir aber!).
Der Ausstieg aus dem Dreieck gelingt, wenn wir Verantwortung übernehmen, statt einander Schuld zuzuweisen. Wir sind nicht Opfer der Umstände, sondern können jederzeit handeln und gestalten (auch wenn uns das in der Enge des Konfliktes manchmal nicht so erscheint).
Ein konkretes Beispiel aus unserer Beziehung: Ich hatte lange einen ängstlichen Bindungsstil, Mario einen vermeidenden (avoidant). In der prämenstruellen Phase wurde diese Dynamik um ein Vielfaches verstärkt. Meine Amygdala lief auf Hochtouren. Jedes Wort lag auf der Goldwaage. Ich konnte mein erwachsenes Ich kaum noch erreichen. Stattdessen dachte ich mit der zeitlosen, panikartigen Logik der Amygdala: Ich werde jetzt verlassen. Ich werde nicht geliebt. Ich bin nicht sicher.

Es ist mir ein bisschen peinlich, weil ich weiß, dass das nicht rational ist. Und gleichzeitig ist es mir wichtig, das zu teilen, weil ich weiß, dass ich damit nicht alleine bin. Wir alle rutschen in nahen Beziehungen in diese Denk- und Verhaltensmuster. Ganz besonders dann, wenn unsere Ressourcen (Geduld, Resilienz, mentale Kapazität) aufgebraucht sind. Denn dann werden diese alten Überlebensmechanismen schneller aktiviert. Was in unserer Kindheit wichtig, vielleicht sogar überlebenswichtig war, wird zu schädlichen Dynamiken in erwachsenen Beziehungen im Hier und Jetzt. Und das Gemeine daran: Die meisten von uns erleben diese Muster völlig unbewusst. Das ist ja der Trick von denen. Aber die gute Nachricht ist, dass wir immer wieder neu lernen und unseren Bindungsstil über die Zeit ändern können.

DIE VIER APOKALYPTISCHEN REITER

Noch destruktiver als diese Rollen sind die sogenannten vier apokalyptischen Reiter – ein Konzept aus der Paartherapie nach John Gottman und dem Gottman Institute, das er gemeinsam mit seiner Frau Julie Gottman aufgebaut hat. (Funfact am Rande: Julie Gottman, selbst promovierte Psychologin und Co-Direktorin des Instituts, bekommt für die jahrzehntelange gemeinsame Forschungs- und Therapiearbeit oft viel zu wenig Credit – ein klassisches Beispiel dafür, wie Frauen in der Wissenschaft systematisch unsichtbar gemacht werden.) Die vier Reiter beschreiben vier Kommunikationsmuster, die Beziehungen mit erschreckender Präzision in Richtung Trennung treiben können:

Kritik: «Du machst immer ...» / «Du bist nie ...» – den Menschen als Ganzes angreifen, nicht das Verhalten (Gegenmove: Wunsch / Bitte statt Vorwurf)
Verachtung: Augenrollen, Sarkasmus, abwertende Bemerkungen (Gegenmove: Wertschätzung ausdrücken)
Verteidigung: «Aber du hast doch ...» – Gegenangriff statt Verantwortung (Gegenmove: Teilverantwortung übernehmen)

Mauern / Rückzug (Stonewalling): sich komplett zurückziehen, dichtmachen, nicht mehr reagieren (Gegenmove: Pause ankündigen + zurückkommen)

Erkennst du dich da wieder? Ich schon. In meinen schlimmsten Phasen war ich die absolute Queen of Kritik auf ihrem schicken Turnierpferd, und Mario rollte von seinem hohen Ross der Verachtung so fleißig mit den Augen, dass ihm vielleicht auch mal schwindelig wurde. Hier und da wurde noch 'ne kleine Mauer aufgebaut, und fertig war unser Desaster. Prämenstruell ist die Wahrscheinlichkeit höher, dass diese Reiter vorbeigetrabt kommen. Oder dass wir uns so verhalten, dass wir sie bei unserem Gegenüber per Knopfdruck aktivieren. Weil alles intensiver ist. Weil die Filter fehlen. Weil die Amygdala ihre Party feiert und uns ständig sagt: «Hier stimmt was nicht, was soll das schon wieder», oder kurz: «GEFAHR!»
Diese Muster sind giftig für unsere Beziehungen. Und wir können sie verändern, wenn wir sie erkennen und bewusst durch andere Kommunikation ersetzen. Dazu später mehr bei den Tools.

Und falls du denkst: *Warum lerne ich das alles erst jetzt?* Das ist okay. Die meisten von uns haben nie gelernt, wie Beziehungen funktionieren. Wie wir zielführend kommunizieren können. Wie wir mit Konflikten umgehen. Wir haben es nicht in der Schule gelernt, nicht von unseren Eltern ... Gebraucht hätten wir diese Skills schon längst. Doch wir können sie uns jetzt aneignen. Und jetzt ist der perfekte Zeitpunkt dafür.

MOMENT MAL, WER LEIDET HIER EIGENTLICH ALLES?

Jetzt wissen wir: Es ist (mal wieder) komplex. Die ganze Sache spielt sich sowohl auf neurobiologischer als auch auf psychologischer Ebene ab. Und das ist einfach echt schwierig. Für Betroffene von PMDS und heftigen Stimmungsschwankungen. Und für ihre Angehörigen auch.

Klar sind die direkt Betroffenen diejenigen, die den PMDS-Schub haben. Die, deren Gehirn gerade Vollgas gibt. Die ausrasten, zusammenbrechen und verzweifelt sind. Aber wenn wir ehrlich sind: Da ist noch jemand, oder sogar mehrere, die das auch erleben. Nur von der anderen Seite.

Auch Dr. Almut Dorn und Dr. Carmen Cramer erweitern den Betroffenenbegriff, was einen wichtigen Beitrag dazu leistet, auch die Menschen im Umfeld mitzudenken. Die ebenfalls belastet sind. Die auch keine Profis für den Umgang mit PMDS sind und die vielleicht selbst Hilfe brauchen.

Ihre Gefühle sind ebenso real. Ihr Schmerz ist real. Das ist kein Wettbewerb, wer mehr leidet. Das ist eine Realität: Nahe Beziehungen bedeuten, dass wir mitschwingen und die heftigen Stimmungsschwankungen alle darin beeinflussen.

Wenn ich in meinen PMDS-Phasen war, hat das nicht nur mich betroffen. Es hat Mario genauso betroffen. Es hat meine Freund*innen betroffen, die sich fragten, warum ich mich tagelang nicht melde oder warum ich schon wieder so empfindlich reagiere. Und wer weiß, wen ich auf der Arbeit irritiert habe, ohne es zu wissen.

Und das sind eben nicht nur einmalige Krisen, sondern sie kommen wieder und wieder. Monat für Monat. Ohne dass wir genau wissen können: Wird es diesen Monat schlimm? Wird es besser? Wird es eskalieren?

«Wichtig ist, dass die Angehörigen lernen: Mitfühlen ist in Ordnung. Mitleiden ist es nicht», sagt Dr. Cramer. Das bedeutet, dass du als Angehörige und mitbetroffene Person natürlich mitfühlen darfst, was deine Partnerperson durchmacht. Aber du darfst dich nicht darin verlieren. Du darfst, ja musst deine eigenen Grenzen wahren und gut für dich sorgen.

Und für uns direkt Betroffene bedeutet es: Wir dürfen anerkennen, dass unsere Partner*innen auch leiden. Ohne dass das unsere eigene Erfahrung kleiner macht.

Einer, der die andere Seite des Betroffenseins aus erster Hand kennt, ist mein lieber Mann Mario. Wir sind seit über 15 Jahren zusammen, und er hat mit mir alles durchgemacht: die Zeit, in der wir nicht wussten, was mit mir los war. Die Diagnose. Die Entscheidung für die Medikamente. Die Jahre danach.

Und ich habe ihn gefragt, ob er seine Perspektive teilen möchte. Für dich. Für andere Partner*innen da draußen. Für alle, die sich fragen: Bin ich die / der Einzige, dem das so geht?

Franzi: *Lieber Mario, danke, dass du dir die Zeit nimmst, deine Erfahrungen und Perspektive zu PMDS mit uns zu teilen. Wenn du zurückdenkst, was war das Schwierigste und Schlimmste für dich in den harten Zeiten, als wir noch nicht wussten, dass ich PMDS habe?*

Mario: *Wenn die Stimmung plötzlich wieder kippte, scheinbar aus dem Nichts, habe ich mich jedes Mal gefragt: «Hä, was ist denn jetzt los?» Ich habe mich davon immer überrumpelt gefühlt und war komplett aus dem Konzept gebracht. Ich kam in diesen Situationen mit dem Verständnis nicht mehr hinterher und rutschte dann in verurteilende Perspektiven ab: «Was ist das hier für ein Kindergarten?» Das war natürlich nicht fair von mir.*

Franzi: *Hattest du denn eine Ahnung, dass es etwas mit dem Zyklus zu tun haben könnte? Kam dir dieser Gedanke mal?*

Mario: *Hm, schwer zu sagen. Ich habe über viele mögliche Gründe nachgedacht, und sicher war der Zyklus auch dabei. Da es aber bis zur Diagnose unklar blieb, habe ich irgendwann immer nur zu mir selbst gesagt: Oha, Vorsicht! Jetzt geht es wieder los!*

Franzi: *Zykluswissen war zu der Zeit bei uns beiden noch nicht wirklich vorhanden. Wir konnten das Muster nicht erkennen, obwohl es schon vorhanden war. Dass prämenstruell, insbesondere wenn es einen so heftig trifft, die ganz großen ungeklärten Fragen hochkommen, macht total Sinn. Aber wir wussten nicht, was da gerade abgeht. Wir waren einfach nur ratlos und frustriert. Erinnerst du dich noch an unsere Streits von damals?*

Mario: *Ja, diese endlos langen Debatten. Irgendwann wussten wir meistens nicht mal mehr, worum es überhaupt noch geht. Und trotzdem fanden wir kein Ende. Und als es dann vorbei war, ging es trotzdem wieder los ... zweimal, dreimal usw. Das war dann irgendwann wie ein Muster. Und dieses Erkennen, dass der Streit womöglich wieder und wieder weitergeht und kein Ende nehmen kann, hat dann irgendwann dazu geführt, dass ich meine eigenen Wege gesucht habe: eigene Gedanken nicht mehr aussprechen, lösungsorientierte Ideen zurückhalten, mich selbst zurücknehmen – Hauptsache, eine weitere Eskalation vermeiden.*

Franzi: *Das hört sich beklemmend und anstrengend an.*

Mario: *Ja, total. Ich hab mich in diesen Situationen wie in die Ecke gedrängt gefühlt, und irgendwann wusste ich gar nicht mehr, welche Reaktion überhaupt noch richtig ist. Das* *führte zu einer Art Freeze-Modus, in dem ich dir sozusagen die Bühne überlassen habe. Das waren meine Vermeidungsversuche, möglichst wenig Angriffsfläche zu bieten, um die Problematisierungsspirale nicht zu beschleunigen.*

Franzi: *In diesen Momenten wollte ich nur leider genau das Gegenteil von Freeze. Ich wollte deine Resonanz, verstanden werden, Nähe. Aber nach den endlosen Debatten war genau das nicht mehr möglich. Und wir waren dann voll in so einer Dynamik, in der wir nur noch gegeneinander gearbeitet haben.*

Mario: *Ja, total schlimm. Und grundsätzlich wollte ich ja helfen. Aber wie hilft man, wenn man nicht versteht, was los ist?*

Franzi: *Du hast ja einiges versucht. Was davon hat nicht funktioniert und warum?*

Mario: *Lösungsvorschläge und die Suche nach logischen Erklärungen: «Lass uns doch einfach ...», oder «Hast du schon versucht ...?».*

Das hat aber nie funktioniert und nur das Gegenteil bewirkt: Das schwarze Loch wurde nur immer größer. Mit meiner Lösungsorientierung hatte ich keine Chance.

Franzi: *Wie meinst du das?*

Mario: *Irgendwann hast du mir ja erklärt: Es geht gerade nicht darum, das Problem zu lösen, sondern darum, dass du (erst mal) nur gesehen und gehört werden möchtest. Das wollte und konnte ich lange nicht verstehen.*

Franzi: *Ja, genau das ist es. Ich wollte keine Lösung. Ich wollte gehört werden. Aber das konnte ich nicht sagen. Und zugleich ist es ja auch total schwer, jemandem mit diesen tiefen Tiefs einfach beizustehen und auszuhalten, dass man nicht viel machen kann bzw. dass es das Einzige ist, was man tun kann.*

Mario: *Als ich dann im Laufe der Zeit besser verstehen konnte, was du brauchst (und dass es eben nicht um mich und meine Herangehensweise in dem Moment geht), fiel es mir auch leichter, damit umzugehen.*
Heute weiß ich, es wäre wahrscheinlich besser gewesen, eher körperlich als verbal an die Sache heranzugehen. Also zum Beispiel Umarmungen anzubieten, auch wenn sich das für mich in diesem (Streit-)Moment unnatürlich angefühlt hätte.

Franzi: *Ja das stimmt, ich erkenne auch erst heute so richtig gut, dass mir das viele Reden gar nichts gebracht hat. Ich hab auch erst so spät im Prozess gecheckt, dass ich gar nicht richtig reden und denken kann und mir körperliche Nähe und Umarmungen viel mehr geholfen hätten. Oh Mann, ich würde so gerne in der Zeit zurückgehen und uns beiden eine Umarmung geben. Wir haben beide so krass ahnungslos gelitten, das war echt hart.*
Dann kam der Zeitpunkt, an dem ich endlich angefangen habe, Antidepressiva zu nehmen (SSRIs, die bei PMDS helfen können). Ich hatte wahnsinnige Angst davor. Angst, dass sie mich verändern. Dass ich nicht mehr ich selbst bin. Aber nach etwa drei Wochen hast du mich in den Arm genommen und gesagt: Ich hab dich wieder. Meine Franzi ist wieder da.
Für mich war dieser Moment der krasseste Reality-Check. Ich dachte, die Medikamente würden mich verändern. Aber in Wahrheit haben sie mir geholfen, wieder mehr ich selbst zu sein.
Und für uns beide war das richtig cool, weil wir endlich etwas hatten, was uns geholfen und Klarheit gebracht hat. Verstehen. Einordnen können. Einen Namen für das Problem haben.

Wenn du zurückdenkst, was hättest du damals gebraucht? Was hätte dir am meisten geholfen?

Mario: *Klarheit. Möglichst viel Klarheit und Wissen darüber, wie sich die Zyklusphasen auswirken – auf dich, auf unsere Dynamik, auf unsere Tagespläne. Damit man nicht immer wieder in diese Situationen kommt, wo man sich fragt: «Was ist denn jetzt schon wieder los?» Das Jahreszeitenmodell hat uns da total geholfen. Es hat uns eine gemeinsame Sprache gegeben.*

Heute weiß ich auch: Es ist wichtig, sich nicht zu viel abzuverlangen und zu erwarten, immer sofort eine Lösung finden zu müssen. Stattdessen hilft es, Akzeptanz dafür zu entwickeln, dass manche Dinge in manchen Phasen halt nicht gehen. Dass manche Wochenenden keine Action-Wochenenden werden, dass manche Gespräche warten müssen und dass das okay so ist. Denn so konnten wir ja auch eher wieder in eine Entspannung kommen und wieder einen harmonischeren Umgang miteinander ermöglichen.

Franzi: *Was würdest du anderen Partner*innen von PMDS-Betroffenen mitgeben wollen?*

Mario: *Wenn du denkst, es geht nicht mehr, kommt von irgendwo die Franzi her.*

(Hihi. Wir haben beide gelacht und wurden dann wieder ernst.)

Der erste Schritt ist ja immer festzustellen: Da ist irgendwas, was ich so nicht mehr erleben möchte. Das tut mir oder uns nicht mehr gut. Und der zweite Schritt ist dann zu sagen: Jetzt bin ich bereit, etwas dagegen zu tun. Superwichtig ist eigentlich, bereits präventiv was zu machen und nicht zu warten, bis der Punkt erreicht ist, an dem beide völlig verzweifelt sind und gar nicht mehr können. Weil dieser Moment eben auch bedeuten könnte, dass es dann gar nicht mehr weitergeht und die Beziehung darunter kaputtgegangen ist. Das war teilweise bei uns wirklich sehr, sehr, sehr, sehr, sehr, sehr, sehr, sehr, sehr knapp.

Franzi: *Oh ja, das stimmt. Ein Glück haben wir uns nicht getrennt. Hast du noch eine abschließende Botschaft für alle, die das gerade lesen?*

Mario: *Alle, die sich in diesem Buch wiederfinden oder ahnen, dass da vielleicht was dran sein könnte: Bitte seid bereit, dem auf den Grund zu gehen. Investiert – Zeit, Energie, Geld –, um irgendeine Form von Verbesserung anzustreben. Wichtig ist aber auch zu betonen: Es gibt nicht DAS eine Tool. Es ist ein Prozess, auf den man sich einlassen muss. Die Momente der Verzweiflung und Enttäuschung bleiben ein Teil davon. Das Buch hier ist vermutlich nicht die eine Lösung – es ist ein Puzzleteil. Und manchmal braucht's sicherlich auch mehr: Therapie, Medikamente, Coaching. Und das ist nicht nur okay, sondern ein wichtiger Teil des Ganzen.*

Franzi: *Danke, Mario. Danke, dass du es durchgehalten hast – mit mir, für uns. Dass du geblieben bist. Danke, dass du deine Perspektive hier teilst. Ich glaube, das ist sehr wertvoll für andere, die gerade Ähnliches durchmachen.*

Und an alle da draußen, die sich hier wiedererkennen: Ihr seid nicht allein. Weder die Betroffenen noch die Partner*innen. Es ist hart. Aber es gibt Wege durch diesen Dschungel und einiges, was ihr machen und üben könnt, um Lösungen zu finden, die für euch passen und euch guttun.

Einige davon will ich euch auf den kommenden Seiten zeigen, denn sie haben uns sehr geholfen, wieder fröhlicher, liebevoller und verbundener miteinander als Paar zu sein und somit auch resilienter durch die wilden Zeiten zu kommen.

GEMEINSAME SPRACHE & PRÄVENTION: VOM VERSTEHEN INS HANDELN

Okay. Du weißt jetzt, was neurobiologisch abgeht. Du kennst die Dynamiken. Du hast Marios Perspektive gehört. Und jetzt fragst du dich vielleicht: Was machen wir damit? Wie kommen wir von «Ich verstehe jetzt, warum es so ist» zu «Wir können anders damit umgehen»?

Der erste Schritt ist, eine gemeinsame Sprache zu finden.

Wenn ihr beide versteht, was der Zyklus mit Körper, Gehirn und Beziehung macht, habt ihr plötzlich einen Anker. Einen Referenzrahmen. Ihr wisst: Aha, da ist was. Und es hat einen Namen. Das Zykluswissen gibt euch beiden eine gemeinsame Sprache. Und diese gemeinsame Sprache reduziert Hä?-Momente massiv.

Statt dass deine Partnerperson sich fragt: «Warum ist sie plötzlich so anders? Habe ich was falsch gemacht?» – kann sie einordnen: «Aha, prämenstruelle Phase. Das erklärt einiges. Das ist nicht gegen mich gerichtet.»

Und für dich als direkt Betroffene bedeutet es: Du musst nicht mehr jedes Mal von vorne erklären, was in dir vorgeht. Du kannst sagen: «Ich bin gerade prämenstruell» oder: «Innerer Herbst, Tag 23», und deine Partnerperson weiß ungefähr, wo du stehst.

GEHÖRT WERDEN VS. «GELÖST WERDEN»

Ich persönlich kenne niemanden, der den nicht kennt: Eine Person will einfach nur gehört werden. Die andere hat 100 Lö-

sungen parat. Am Ende des Gesprächs sind beide ziemlich unglücklich.
Das ist der Kreislauf, in dem wir jahrelang feststeckten. Auch unabhängig vom Zyklus.
Du hast es im Interview gelesen, ich wollte gehört werden. Mario wollte helfen und Lösungen einbringen.
Dadurch fühlte ich mich nicht gesehen. Nicht gehört. Als würde mein Gefühl überdeckt, bevor es überhaupt richtig da sein durfte.
Das Ding ist, Gefühle wollen gefühlt werden. Nicht rationalisiert und zerdacht werden. Sie wollen Raum. Anerkennung. Und dann können sie sich auflösen, wenn's richtig gut läuft, sogar innerhalb von 90 Sekunden (siehe Kapitel 8).
Das zu lernen, war für mich ein Prozess. Und für Mario auch. Er musste lernen, dass seine Lösungsorientierung – die in so vielen Bereichen seines Lebens funktioniert – hier nicht hilft. Ich musste lernen zu benennen: «Ich brauche keine Lösung. Ich brauche, dass du zuhörst.»
Das ist jetzt vielleicht bissl hart zu hören, wenn du merkst, dass du der lösende Part in dieser Dynamik bist: Deine Lösungen sind leider in solchen Momenten nicht die Lösung. Die Person will gehört werden, gesehen werden. Alles, was du gerade machen kannst, ist da sein, zuhören, Raum geben. Das empfinden wir häufig als unangenehm, weil wir dieses Verhalten nicht gelernt haben. Und weil wir Gefühle in gut und schlecht einteilen und alles, was schlecht ist, immer wegsoll, besser gemacht, gelöst werden soll.

Ich kenne den Lösungsmodus auch von mir selbst. Wer sieht seine Liebsten schon gern in einem emotional angestrengten, schwierigen, traurigen Zustand? Es ist total menschlich, das «wegmachen» zu wollen. Aber es funktioniert nicht.

DIE MAGIC-FRAGE: WAS BRAUCHST DU GERADE?

Ein einfacher Trick in Gesprächen ist pures Gold in allen Beziehungen, auch auf der Arbeit, z. B. wenn die eine Lästerschwester wieder viel zu sagen hat. Frag nach:
Was brauchst du gerade? Möchtest du dich einfach auslassen? Brauchst du Trost? Willst du Lösungen, oder soll ich einfach nur zuhören?
Diese Fragen sind so magic, weil sie zwei Dinge tun: Sie geben uns beiden einen Moment zum Durchatmen. Sie appellieren an die Selbstverantwortung. Und sie schaffen einen Moment von Metaebene zur Situation und führen dazu, dass wir uns gleich schon wirklich begegnen, uns gesehen fühlen, weil das Gegenüber sogar fragt, was du brauchst, und bereit ist zu geben.

Was brauchst du gerade?
Die drei häufigsten Bedürfnisse in Gesprächen:
1. Dampf ablassen: Ich will reden, mich auskotzen, dir erzählen, was in mir vorgeht, aber ich will keine Lösungen. Ich will, dass du zuhörst. Das ist alles.
2. Trost: Ich brauche Nähe. Körperkontakt. Gehalten werden. Eine Umarmung. Einfach da sein.
3. Lösung: Ich brauche tatsächlich einen Plan, eine Idee, Unterstützung. Jetzt darfst du in den Lösungsmodus gehen.

Probier's mal aus, frag nach, anstatt anzunehmen, zu wissen, was dein Gegenüber gerade braucht.

SPRECHT, BEVOR DIE KRISE KOMMT

Wenn wir Konflikte vermeiden wollen, ist es wichtig, Bedürfnisse vorher zu besprechen. Nicht in der Krise, sondern in einem ruhigen Moment.

Frage dich selbst: Was brauche ich, wenn ich im Schub bin? Nähe oder Abstand? Berührung oder Raum? Teile die Antworten mit den Menschen um dich herum. Leider kann niemand deine Bedürfnisse erraten. Nicht mal die Menschen, die dich am besten kennen. Du musst sie benennen. Und das gelingt dir am besten, wenn du dich selbst gut erkundest und kennengelernt hast. Dann könnt ihr gemeinsam schauen: Was können wir zusammen tun? Und was musst du für dich allein in die Hand nehmen?

Bedürfnisse äußern ≠ Anspruch auf Erfüllung

Ich möchte das sehr, sehr stark betonen: Deine Bedürfnisse zu kennen und zu äußern, bedeutet nicht, dass du einen Anspruch darauf hast, sie von anderen erfüllt zu bekommen. (Du selbst kannst dir natürlich jederzeit alles geben, was du brauchst, cool, oder? :)) Sonst entsteht eine neue, ungute Dynamik und Groll auf beiden Seiten. Es der anderen Person zu sehr recht zu machen, auf Kosten der eigenen Ressourcen, endet immer doof und sorgt dafür, dass zwei Menschen nicht gut drauf sind: Eine Person gibt zu viel, die andere Person spürt, dass es aus Pflichtgefühl oder nicht ernst gemeint rüberkommt.

Du darfst sagen: «Ich brauche gerade Nähe.» Und deine Partnerperson darf sagen: «Ich kann das gerade nicht geben. Ich bin selbst am Limit.»

Das ist keine Ablehnung von dir als Person. Das ist eine Grenze. Und Grenzen sind okay. Für beide Seiten.
Manchmal bekommt man die Zuwendung auch woanders, von Freund*innen, einem Frauenkreis, einer Therapeutin. Und auch das ist okay.

GRENZEN SIND FÜR DIE BEZIEHUNG, NICHT GEGEN SIE

Gerade wenn wir mit heftigen Stimmungsschwankungen umgehen – und überhaupt, wenn wir im Einklang mit unserem Zyklus leben wollen –, kommen wir nicht drum herum, Grenzen zu setzen. Alle Bedürfnisse dürfen da sein und geäußert werden. Aber niemand ist verpflichtet, sie für uns zu erfüllen. Wir sind in erster Linie selbst für unser Wohlbefinden verantwortlich. Und genau deshalb sind Grenzen so wichtig: Sie helfen uns, gut auf uns selbst zu achten, damit wir einander mit echtem Interesse, Hingabe und Liebe begegnen können statt mit heimlichem Groll, der sich über Wochen aufstaut.
Für mich als ehemalige People-Pleaserin war das anfangs ungewohnt, fast beängstigend. Ich hatte stets gelernt, Harmonie über alles zu stellen, auch wenn ich dafür ständig über meine eigenen Grenzen ging. Aber irgendwann habe ich verstanden: Grenzen sind für die Beziehung, nicht gegen sie.* Sie halten uns verbunden, ohne dass jemand sich verliert. Sie machen Beziehungen besser und ehrlicher. Und bringen Leichtigkeit zurück.

* Danke an Nedra Glover Tawwab für diese Perspektive und ihr so hilfreiches Buch «Grenzen machen uns frei. Ein Wegweiser, sich selbst treu zu bleiben» (2021, Unimedica).

Wenn's ernst wird und hart auf hart kommt, hilft Klarheit oftmals mehr als alles andere. Grenzen können im ersten Moment hart klingen, sind aber ein Akt von Selbstfürsorge. Für alle Beteiligten. Sie zeigen: Bis hierhin geht's mir gut, ab hier wird's zu viel. In den Phasen, in denen Emotionen hochkochen, können sie uns hilfreiche Orientierung geben. Gesunde Grenzen schaffen Sicherheit. Sie sagen: Ich bleibe da, aber ich bleibe bei mir.

Wie das im Alltag aussieht? Zum Beispiel so:

- «Ich will gerade nicht reden, lass uns später weitermachen.»
- «Ich brauch heute Abend einfach meine Ruhe, das hat nichts mit dir zu tun.»
- «Ich kann dir zuhören, aber nicht, wenn du gleichzeitig laut wirst.»

Grenzen müssen nicht perfekt klingen. Sie dürfen wackeln, sich verändern, manchmal auch zu spät kommen. Wichtig ist, dass sie ehrlich sind. Und dass beide Seiten lernen, sie ernst zu nehmen. Am Anfang fühlt sich das oft komisch an, besonders wenn man gewohnt ist, die Stimmung zu retten oder alles auszuhalten. Aber Grenzen schützen genau das, was in einer Beziehung zählt: Respekt, Vertrauen, Nähe. Sie verhindern, dass man sich innerlich zurückzieht, weil man zu oft über die eigenen Limits gegangen ist.

TOOLS FÜR DEN ALLTAG

Liebe allein reicht nicht, wir brauchen Werkzeuge. Wir werden mit der unrealistischen Vorstellung groß, dass, wenn wir nur den / die Richtige*n finden, alles gut wird. Dass Beziehungen, solange man sich liebt, von alleine laufen. Aber niemand bringt uns bei, wie Beziehungen wirklich funktionieren. Was Beziehungen brauchen, um zu gelingen. Wie wir kommunizieren. Wie wir mit Konflikten umgehen.

Wir sollen es irgendwie können, weil: Liebe. Aber Liebe ist keine Anleitung. Liebe ist kein Werkzeugkasten. Liebe ist wichtig, aber sie ist nicht alles, was es für eine gelungene Beziehung braucht. Wenn wir es dann nicht hinbekommen, gelten wir als gescheitert.

Hier sind unsere drei Toptools, die uns geholfen haben und die dir und euch vielleicht auch helfen. Sie haben am Ende unsere Liebe größer und stärker gemacht, weil jetzt wieder viel mehr Platz dafür da ist, weil wir nun besser streiten können, besser miteinander kommunizieren und uns viel besser auf dem Schirm haben. Denn ihr wisst es selbst: Alltag ist echt 'ne Bitch.

Es geht ja nicht immer um Ausnahmesituationen, sondern vor allem um den Alltag und darum, wie wir im Alltag mit ein paar Tools ganz viel tun können, um Ausnahmesituationen zu vermeiden oder besser mit ihnen umzugehen.

Here we go.

TOOL 1. WÖCHENTLICHER CHECK-IN

Das ist die Zahnseide für eure Beziehung. Geht schnell, wirkt am Anfang komisch und technisch, entfaltet seine positive Wirkung über längere Zeit.

Es ist einfach magic, wenn wir Raum haben, in dem wir gehört werden und Dinge aussprechen können. Uns außerhalb der alltäglichen Gespräche à la «Wie war dein Tag, Schatz?» zu begegnen und mitzubekommen, was den anderen gerade wirklich beschäftigt. Das fällt uns nämlich mitten im Alltagsgewusel oft nicht ein. Wenn wir das regelmäßig machen, haben wir uns viel besser auf dem Schirm und haben dadurch mehr Perspektive und Verständnis für den anderen. Das Ergebnis: weniger Missverständnisse und damit weniger Konfliktpotenzial.

Du kannst beim wöchentlichen Check-in auch super ein paar Sätze zu deiner jeweiligen Zyklusphase mit einbauen. Und bitte nicht vergessen: Es darf auch Spaß machen, ihr dürft Fragen hinzufügen, das Ganze verändern usw.

Die Idee: Einmal die Woche nehmt ihr euch 20 bis 30 Minuten (also ca. 10 bis 15 Minuten pro Person), um wirklich miteinander einzuchecken. Das ist kein Small Talk, kein «Wer bringt den Müll raus»-Meeting, sondern Raum für das, was im Alltag oft untergeht.

Einstieg: Wertschätzung

Zum Warmwerden nennt jede*r drei Dinge, die er / sie an der anderen Person schätzt. Das kann vieles sein, zum Beispiel Dankbarkeit für kleine Gesten im Alltag, Qualitäten der Person, Komplimente usw. Das richtet den Fokus auf Verbundenheit und macht es leichter, auch über Schweres zu sprechen.

So funktioniert der Check-in

- Eine*r spricht, die andere Person hört zu.
- Kein Kommentieren, keine Tipps, kein «Ich sehe das aber anders».
- Wenn die sprechende Person fertig ist, dürfen Verständnisfragen gestellt werden. Mehr nicht.
- Dann wechselt ihr die Rollen.

Am Anfang wirkt das ungewohnt und etwas technisch. Aber genau das macht die Wirkung aus: Dinge dürfen gesagt werden und für sich stehen bleiben. Das wirkt tiefer, als man denkt.

Die drei Fragen

Jede*r beantwortet nacheinander:

- Wie geht es mir gerade mit mir selbst, und was beschäftigt mich?
- Wie geht es mir gerade mit uns (der Partnerschaft)?
- Blick auf die kommende Woche: Was steht an? Was brauche ich? Was ist mir wichtig? In welcher Zyklusphase bin ich?

Warum das Ganze?

Weil Beziehung nicht nur von Date Nights lebt, sondern auch von ehrlichem, regelmäßigem Hinsehen. Wenn ihr jede Woche kurz innehaltet, fühlt ihr euch verbundener, seht euch klarer und merkt schneller, wenn etwas kippt.

TOOL 2. DIE KÜHLSCHRANKMETHODE

Kennengelernt habe ich die Kühlschrankmethode (Fridge Method) bei Maisie Hill. Mit ihr erstellst du quasi eine Landkarte oder Anleitung für dich und deine Liebsten durch deine Zyklusphasen. Sie ist ein wirksamer Weg, die Kommunikation in Partner*innenschaft und Familie zu verbessern und vor allem jede Menge Konflikte zu vermeiden.
Grundlage dafür ist dein Zyklustracking, denn darin lernst du dich, deine Bedürfnisse und Herausforderungen im Zyklus so gut kennen, dass du es dann für die Kühlschrankmethode perfekt beschreiben kannst.
Für deine Kühlschrank-Karte schreibst du für jede Zyklusphase auf:

- Was kann ich gut in dieser Phase?
- Was mag ich / brauche ich?
- Was finde ich schwierig?
- Wie kann mein Umfeld mich unterstützen?

Du kannst das als Liste, als Kreis, als Collage, wie auch immer du magst gestalten. Ein lustiger Kühlschrankmagnet kann als «Zeiger» dienen und immer weiterwandern, wenn du in die nächste Phase gekommen bist.

So weißt dein*e Partner*in, deine WG, deine Familie, wo du gerade stehst, was das für dich bedeutet und wie sie dir helfen können, wenn sie das gerne möchten.
Wichtig: Dass du deine Zyklus-Karte erstellst, heißt leider nicht, dass dein Umfeld dann auch immer tun muss und wird, was du gerade brauchst. Verantwortlich für dein Wohlbefinden und die Erfüllung deiner Bedürfnisse bleibst in erster Linie immer du. So sieht das zum Beispiel aus:

	SUPER-POWER	LIEBE ICH	SCHWIERIG	DEIN SUPPORT
MENSTRUATION	ausruhen, loslassen, träumen	alleine sein, chillen auf der Couch, Wärmflasche, Tee und Schoki	kleine Entscheidungen im Alltag treffen	Ruhe geben, Kuchen, Pizza, Wärmflasche und Tee bringen
FOLLIKEL-PHASE	planen, Ideen entwickeln, spielen	tanzen, Leute treffen, Neues ausprobieren	mich festlegen und fokussiert bleiben	mich bestärken und gemeinsam was erleben
OVULATION	Dinge sofort umsetzen, Socializing	Action, Sexytime, Spaß haben	Grenzen setzen	Mir helfen, Nein zu sagen; Let's go out for fun!
LUTEALPHASE	analysieren, kreativ und kritisch denken, verfeinern	Me Time, tiefe Gespräche, mein eigenes Tempo	zu viele Menschen, Überstimulation, Fragen	Ja/Nein-Fragen, Netflix und chillen, bitte nicht pfeifen ;-)
THE PRESSURE COOKER	ausrasten, weinen, dramatisieren	meine Ruhe haben und Umarmungen	viele Reize, viele Fragen, Erwartungen	Hard Day Protocol, zuhören, Support anbieten

TOOL 3. DIE STOPP-TASTE, WENN ES SO RICHTIG KRACHT

Eines der wichtigsten Tools, das uns geholfen hat, ist die Stopp-Taste. Dieses Tool ist dazu da, eine Pause einzulegen, wenn man auf eine Art im Konflikt verstrickt ist, die ein konstruktives Miteinander unmöglich macht. Denn dann ist es Zeit für liebevollen Abstand und eine Pause.
So funktioniert's:
Schritt 1 (der schwerste von allen): Erkennen & Pause einläuten
Wenn eine*r von euch merkt, das eskaliert gerade, das führt zu nichts, sagt eine*r: «Wir brauchen eine Pause» oder «Pfirsichmarmelade» oder was auch immer euch als Codewort einfällt und Spaß macht.

Schritt 2: Konsens schaffen
Ganz wichtig! Beide sagen explizit: «Ich gehe jetzt raus aus der Situation, nicht aus der Beziehung.» Das klingt vielleicht übertrieben, aber glaub mir: Gerade wenn du einen Anxious Attachment Style hast, ist diese klare Ansage Gold wert.

Schritt 3: Zeit für sich nehmen
Jede*r geht für sich. Spazieren. Atmen. Musik hören. Was auch immer hilft, um dich wieder runterzuregulieren. Mindestens 20 Minuten lang. So lange braucht das Nervensystem, um aus dem Kampf-Flucht-Modus rauszukommen.

Schritt 4: Wieder zusammenkommen
Das macht ihr wirklich erst, wenn beide so weit sind, nicht vorher. Das ist okay. Manchmal braucht eine*r länger. Manchmal ist es erst am nächsten Tag so weit.

Schritt 5: Neu starten
Ihr fangt nicht da an, wo ihr aufgehört habt. Sondern ihr startet neu:
«Was brauche ich jetzt?»
«Was brauchst du?»
«Wie können wir das gemeinsam lösen?»
Dafür kann Gewaltfreie Kommunikation (kurz: GFK, online gibt es jede Menge Infos dazu) eine hilfreiche Struktur bieten. Schnappt euch einfach eins der Tools und probiert es mal eine Weile aus.

WE'RE ON THE SAME TEAM

Haltung ist das Allerwichtigste. Das beste Tool bringt mit der falschen Haltung nichts. Wenn wir schon viel Shit miteinander durchgemacht haben und z. B. krasse Stimmungsschwankungen eine Beziehung regelmäßig durchschütteln, kann es passieren, dass wir eine wichtige Sache als Paar vergessen: **Wir sind im selben Team.**
Bei zu vielen Strapazen kann es sehr leicht passieren, dass wir uns gegeneinander richten, weil wir nicht mehr können, weil es uns auf den Sack geht und wir einfach nicht mehr checken, warum uns der andere nicht einfach versteht, nicht unsere Gedanken lesen kann oder was immer der unerfüllte Wunsch so ist. Dann kämpfen wir gegeneinander und geraten in ungute Schleifen, bei denen hier und da auch noch ein Pferd vorbeigetrampelt kommt (siehe Abschnitt vier Reiter).
Deshalb ist es so wichtig, sich wieder daran zu erinnern, dass die Haltung entscheidend ist, um etwas Gutes für uns selbst und für die Beziehung zu tun.

KONFLIKTE SIND NICHT DER FEIND, SIE SIND HINWEISE

Okay, ich weiß. Niemand will hören, dass Konflikte gut sind. Wenn du gerade mitten in einem Streit steckst, fühlst du dich wahrscheinlich alles andere als beschenkt.

Trotzdem kommt hier ein Reframing, das zum Perspektivenwechsel einlädt:

Konflikte sind nicht der Feind. Sie sind Hinweise. Sie zeigen, wo Wachstum möglich ist. Meine Trainerin in der Ausbildung zur Coachin hat mal gesagt: Konflikte sind Geschenke, weil die Menschen sich darin wahrhaftig zeigen.

(Vorausgesetzt natürlich, sie sind nicht toxisch, missbräuchlich oder gewaltvoll. Das ist eine andere Geschichte, bei der gilt: raus da, Hilfe holen, Grenzen setzen!)

Trotzdem sind akute Konflikte oft nicht die Momente, in denen wir ruhig eine Lösung finden können, sondern uns erst mal beruhigen müssen.

Eine tolle Haltung zu Konflikten und wie wir humorvoll mit ihnen umgehen können, kannst du im Podcast von Iris Gavric und Matthias Renger nachhören (Couple-Of-Podcast-Folge: Streiten mit Humor).

Wenn wir uns versprechen, wie wir mit Konflikten umgehen werden, kann uns das helfen, sie ganz anders zu betrachten, und ihnen die Schärfe nehmen.

Iris Gavric und Matthias Renger haben ein tolles Buch geschrieben, das ich empfehle, wenn ihr eure Konfliktskills verbessern und erweitern wollt: «Du bist das Problem, das ich mir wünsche.»

SEID NACHSICHTIG MITEINANDER

Ihr werdet scheitern. Ihr werdet die Tools vergessen. Ihr werdet in alte Streitmuster zurückverfallen. Ihr werdet Dinge sagen, die ihr nicht sagen wolltet.

Das ist okay und menschlich. Es ist Teil des Prozesses. Seid nachsichtig miteinander und mit euch selbst. Ihr übt und lernt gerade. Ihr arbeitet daran, alte Muster zu verändern, die sich über Jahre eingeschliffen haben. Wir können nicht von heute auf morgen raus aus unserer Haut.

Also: Nicht böse auf dich selbst und die anderen sein, wenn es nicht sofort beim ersten Mal klappt. Wir schimpfen ein Kind, das gerade laufen lernt, ja auch nicht aus, wenn es hinfällt. Wir ermutigen es, immer wieder neu zu starten.

Je länger eine Beziehung besteht, desto tiefer sind die Muster eingegraben. Das kann frustrierend sein. Weil du vielleicht denkst: Wir hätten das doch längst hinbekommen sollen.

Aber das Gegenteil ist wahr: Je länger die Beziehung, desto mehr Geduld braucht es.

Weil die Muster Zeit hatten zu wachsen. Weil sie sich verfestigt haben. Weil ihr beide eure Rollen miteinander eingeübt habt und sie jetzt wieder verlernen müsst. Das heißt nicht, dass es unmöglich ist. Das heißt nur: Ihr braucht viel achtsames Training!

Am Ende gibt es nicht DAS Tool, das für alle funktioniert. Jede Beziehung ist anders. Jede Konstellation ist einzigartig.

Was für Mario und mich funktioniert, funktioniert vielleicht nicht für euch. Und das ist okay. Schaut individuell: Was passt zu euch? Was fühlt sich stimmig an? Was könnt ihr realistisch umsetzen?

Experimentiert und seid bereit, zu scheitern und neu anzufangen. Vielleicht schafft ihr es auch nicht alleine zu zweit, sondern sucht euch Hilfe in der Paar- und Familienberatung. Das ist genauso gut und in manchen Fällen sogar das Beste, was ihr für euch tun könnt.

DAS PRIVATE IST POLITISCH

Was wir hier besprochen haben – die Konflikte, die Missverständnisse, die Überforderung auf beiden Seiten –, wird oftmals noch verschärft, wenn Kinder da sind. Wenn das Geld nicht reicht. Wenn die Arbeit unflexibel ist oder Angehörige gepflegt werden müssen. Dann zeigt sich, was sonst unter der Oberfläche brodelt, aber viel leichter zu ignorieren ist:

> Die gesellschaftlichen Ungleichheiten spiegeln sich in unseren Beziehungen, in unseren Gesprächen, in der Art, wie wir streiten, und darin, wer am Ende aufräumt.

Wir bleiben damit oft allein und glauben, das Problem sei individuell. Dass wir uns nur mehr anstrengen, besser kommunizieren, empathischer reagieren müssten. Dabei verhandeln wir am Esstisch Themen, die eigentlich auf die politische Bühne gehören: Macht, Geld, Care, Gerechtigkeit.
Die strukturellen Ungerechtigkeiten Gender Pay Gap, Mental Load, mentale Gesundheit, Care-Arbeit, patriarchale Muster landen in unseren Beziehungen. Und dort scheitern sie, weil sie zu groß sind, um sie zu zweit zu tragen. Weil sie systemisch verankert sind.
«Stell dich nicht so an.» Wie oft habe ich das gehört? Wie oft habe ich das zu mir selbst gesagt? Diese Bagatellisierung ist toxisch. Sie verhindert, dass wir uns Hilfe holen. Sie verhindert, dass wir ernst genommen werden. Sie hält uns klein.

Es ist schwer, sich selbst ernst zu nehmen, wenn niemand anderes es tut.
Und doch ist es wichtig, dass du damit beginnst. Nimm dich selbst ernst! Nimm deine Symptome ernst. Deine Bedürfnisse. Deine Grenzen. Das ist der erste und oft schwerste Schritt. Denn wer, wenn nicht du, soll damit anfangen?
Und nimm deine Partnerin ernst, wenn sie sich dir anvertraut. Auch wenn dir das, was sie sagt, übertrieben vorkommt. Auch wenn du es nicht nachvollziehen kannst.
Wenn eine direkt betroffene Person es schafft, darüber zu reden, wie schlecht es ihr geht, hat sie schon den Mount Everest der Scham überwunden, lange überlegt, sich krass durchgekämpft, sich überwunden.
Das Schönste und Beste, was du für eine Person in diesem Moment tun kannst, ist das Gesagte anerkennen, da sein, es ernst nehmen, auch wenn es dir vollkommen weird und übertrieben vorkommt. Und dann gemeinsam nach Hilfe suchen. Du bist als Angehörige*r nicht die Person, die das lösen muss, aber du kannst wichtige kleine Dinge tun, die helfen (Termine vereinbaren, einen Anruf machen).
PMDS, Stimmungsschwankungen, mentale Tiefs, Depressionen – all das sind keine persönlichen Defizite, sondern körperliche Erscheinungen, die genauso ernst genommen werden wollen und müssen wie Schnittwunden oder Knochenbrüche. Sie brauchen die gleiche gute gesellschaftliche und medizinische Versorgung, denn sie können alle tödlich enden, insbesondere wenn der Schmerz, den Betroffene erleben, nicht ernst genommen wird.
Wir müssen wach bleiben und aktiv, nicht müde werden.
Und wir sind alle ganz schön müde. Ich könnte eine Pause brauchen. Und du?

10.

ÜBER DAS AUSRUHEN OHNE SCHULDGEFÜHLE

Weißt du, wie sich echte Entspannung anfühlt? Wie dein Körper sich dann anfühlt? Welche Gedanken du dann hast? Und vor allem: wie du aus diesem Zustand heraus Entscheidungen triffst?
Im Sommer 2025 lag ich auf einer Luftmatratze im Pool und ließ mich treiben. Sonne, Wasser, ein Moment zum Durchatmen. Ich hatte gerade ein ganzes Kapitel runtergeschrieben. So, jetzt hab ich mir die Pause verdient, dachte ich und erschrak im selben Atemzug, weil es so selbstverständlich aus mir rauskam. Fuck!
Meine Pause ist die Belohnung. Erst leisten, dann ruhen. Dieser Satz zeigt, wie tief das sitzt. Selbst nach all den Jahren, nach Hunderten Coachings, nach meiner eigenen Praxis, nach allem, was ich weiß und lehre. Ich sage das immer noch: «Ich hab's mir verdient.»
Ich bin nicht die Einzige. Wir alle haben das so gelernt.
Dabei will ich mit diesem Buch genau das Gegenteil klarmachen: Pausen sind nicht das Sahnehäubchen nach getaner Arbeit. Sie sind Teil unserer Existenz. Unserer Rhythmen und Zyklen. So wie Schlaf, wie atmen. Unser Körper braucht sie, immer. Nicht erst, wenn der Akku bei 10 % ist und wir völlig erschöpft zusammenbrechen.
Pausen können radikal wirken – weil alles um uns herum immer auf «mehr, mehr, mehr» läuft. Mehr leisten, mehr Input, mehr To-do-Listen, die oftmals am Abend länger sind als am Morgen. Mehr scrollen, lesen, zuhören, Podcasts, Bücher, Artikel. Da muss man dranbleiben, wa?
Runterkommen, im Kopf mal Ruhe finden? Dafür hab ich keine Zeit.

Mich rausnehmen, mal weniger oder nichts tun, mich ausruhen oder etwas einfach nur machen, weil es Spaß macht, ohne Mehrwert und Zweck – ja, das kann sich echt unverschämt und egoistisch anfühlen.
Und auch Pausen werden bewertet. Rumliegen und nichts tun wird schnell als faul und unproduktiv abgestempelt.
Spürst du es? Wie der Brustkorb enger wird? Wie sich alles von innen verkrampft, wenn du dir nicht mal das gönnst? Einfach immer weitermachst? Leben im Funktionsmodus und auf Autopilot.
Alsoooo, es war neulich mal wieder die Franzi, die sich endlich mal wieder richtig viel vorgenommen hatte: ganz viel Arbeit, dann noch ein reiches soziales Leben, 5 x die Woche zum Sport, Beziehung führen, ach, und der Abendtermin noch? Ja, kein Problem, ich schaff das schon. Das private Bauprojekt, ha! Ein Klacks, das nebenbei zu managen. Ich kann das alles, ist ja nur eine Frage des MINDSETS! Haha! Spoiler: NEIN. Absolut NICHT!
Es endete damit, dass ich auf Autopilot lief. Nur noch machen, nur noch reagieren, nur noch irgendwie durchhalten. Ich war unglücklich und wollte nicht mehr so weitermachen. Gedanklich habe ich in die Stadt rausgeschrien: «Ich will einfach meine verdammte Ruhe haben!» Ich wollte nur, dass alles mal stoppt und meinem Leben am liebsten JETZT SOFORT entfliehen.
Meine Tagträume verraten viel über meinen Zustand: Ich träume davon, alleine zu wohnen, ein Leben in einem anderen Land zu führen, einfach neu anzusetzen. Alles Hinweise für mich, dass ich nicht im Einklang mit meiner Energie, meinen Werten und der Liebe zu mir selbst gelebt habe. Die Lieben um mich herum gönnen mir jede Pause. Doch ich mir selbst? Fehlanzeige.

Und weißt du, was das Verrückte ist? Obwohl ich schon so viele positive Referenzerfahrungen habe und seit Jahren genau weiß, dass es sich lohnt, richtige Pausen zu machen, dass es sich auszahlt, dass ich dann glücklicher bin, präsenter, mein Leben ruhiger wird, ich bessere Entscheidungen treffe. Ich trau mich oftmals trotzdem nicht, sie mir zu nehmen.
«Wenn ich leiste, stark, produktiv und Everybody's Darling bin, bin ich sicher und liebenswert.» So lautet mein alter Glaubenssatz, den ich seit Jahren Stück für Stück verlerne. Wir alle haben das so gelernt. Dass wir uns die Pausen erst (mit harter Arbeit) verdienen müssen – eine Lüge vom Gruselkapitalismus in der Höherschnellerweiter-Straße.
Pausen machen fühlt sich oft bissl scary an, weil wir gelernt haben, dass unser Wert an unsere Produktivität geknüpft ist. Und weil das im Umkehrschluss bedeutet: Einfach so Pause machen hat wenig bis gar keinen Platz in unserer Gesellschaft. Es muss mindestens immer einen Zweck verfolgen, und der lautet heutzutage meistens Selbstoptimierung.
Unser Gehirn belohnt To-dos abhaken mit einem klaren Dopamin-Kick. Jedes Mal, wenn wir etwas erledigen: ping! Das Belohnungssystem sagt «Gut gemacht». Beim Ausruhen? Nichts. Kein High, kein Ping. Zumindest nicht so schnell und süchtig machend wie ein kleiner Scroll bei Instagram. ;-)
Wie oft erwische ich mich dabei, mit mir selbst wie mit meinem Handy umzugehen. Schön durchpowern, bis der Akku nur noch bei 10 % ist, und dann aber schnell aufladen. Wobei, wenn ich es genau nehme, gehe ich mit meinem Handy manchmal sogar besser um und lade es schon auf, wenn es nur noch 40 % Akku hat, damit ich auch ja nicht einen Moment ohne Internet auskommen muss.
Proaktiv meine Pausen einplanen, damit ich gar nicht erst in den orangeroten Bereich meiner Energie komme, mache ich

immer stärker, oft aber auch nicht. Weil: «Ich kann ja noch, da geht noch was.» Doch genau darum geht es, wenn wir lernen wollen, im Einklang mit unserer Energie und unserem Zyklus zu leben: zu wissen, wann ich eine Pause brauche, damit ich gar nicht erst in den orangeroten Bereich komme, sondern fluffig in einer gewissen Grundenergie bleibe.

WARUM FÜHLEN SICH PAUSEN OFT SO DOOF AN? NICHT SO SCHÖN, WIE WIR SIE UNS VORGESTELLT HABEN?

Wenn wir wirklich mal nichts tun und uns einen Moment echte Pause gönnen, schaltet sich das Default-Mode-Network ein, das wir in Pausen und ruhigen Momenten dann als «Grübelmodus» wahrnehmen. Statt Stille gibt's dann Kopfkino: Gedanken an alles, was noch offen ist, alte Szenen, kleine Selbstvorwürfe, wilder Gedankensalat. Das ist unangenehm und unbequem. So stellen wir uns die Pausen und ruhigen Momente eher nicht vor, weswegen es dann auch kein Wunder ist, dass wir lieber wieder ins Handy flüchten. Und gleichzeitig ist es genau dieser Modus, der Erinnerungen ordnet und Erfahrungen integriert. Das Unangenehme gehört zum Prozess – so lernt das Gehirn loszulassen, sortiert sich, räumt auf. Lücken zu lassen, in denen wir dem Gehirn die Chance geben, einmal zu sortieren und «durchzuwischen», ist wichtig für unsere Erholung, Regeneration und kognitive Freshness.
Ein weiterer Grund, warum sich dieses kleine schlechte Gewissen sofort meldet, wenn wir einfach mal die Beine hochlegen, liegt in der Geschichte der protestantischen Arbeitsethik. Darin wird Zeitvergeudung als Sünde beschrieben, und Ruhe oder Müßiggang erscheinen potenziell verdächtig.[42]

Dass wir Pausen oft mit Faulheit assoziieren, ist also kein Zufall, sondern wurde besonders durch die protestantische Leistungsethik und die kapitalistische Moderne kulturell verstärkt.
Mit der Industrialisierung wurde diese Haltung dann gesellschaftlich zementiert. Arbeitszeiten von 12 bis 16 Stunden täglich in Fabriken waren im 19. Jahrhundert in vielen Industrienationen üblich, Pausen oft nicht vorgesehen oder sehr kurz. Gewerkschaften und arbeitspolitische Akteur*innen setzten sich über viele Jahrzehnte für grundlegende Rechte wie Arbeitszeitbegrenzung und Pausenregelungen ein – je nach Land unterschiedlich lange und erfolgreich.[43]
Die Institutionalisierung der Kaffeepause erfolgte dann erst 1952: Mit einer millionenschweren Werbekampagne machte das Pan-American Coffee Bureau die Kaffeepause zum fest etablierten Teil der US-Arbeitskultur und argumentierte insbesondere damit, dass Studien zeigten, wie Pausen und Koffein die Produktivität steigern.[44] Die Pause wurde explizit als produktivitätssteigernde Maßnahme anstatt als Erholungsrecht vermarktet (wobei sie heute natürlich viele andere und auch schöne Funktionen erfüllt).
Damals nutzten gerade Frauen Pausen oft, um Care-Arbeit zu leisten, ein Beleg für die doppelte (und bis heute anhaltende) Belastung insbesondere in Sorgeverhältnissen. Die Tatsache, dass Pausen zum Teil zum Weitermachen anderer Arbeit genutzt werden, verdeutlicht, wie sehr Erholungszeit systematisch vereinnahmt werden kann.
Und dann gibt es noch eine weitere aktuelle These, die Grund für unser Unwohlsein in ruhigen Momenten sein könnte. Forschung zu Epigenetik zeigt: Starker Stress und Überlastung können tatsächlich biologische Spuren hinterlassen und bei Nachkommen, zumindest bei Tieren, nachweisbare Effekte

zeigen.[45] Die Vererbung solcher Stressfolgen wird derzeit wissenschaftlich erforscht, ist für Menschen jedoch noch nicht zweifelsfrei bewiesen.[46]

Weiterhin gilt: Für Care-Arbeit gibt es keinen Feierabend und selten echte Pausen. Kochen, Waschen, Kinder, Pflege – all das ist Arbeit ohne Ende, ohne Lohn, ohne Anerkennung. Vor allem Frauen tragen diese Last. Und weil diese Arbeit unsichtbar bleibt, ihr die gesellschaftliche Anerkennung immer noch fehlt, erscheinen Pausen doppelt unverdient. Diejenigen, die Pausen am dringendsten bräuchten, können sie sich oft am wenigsten leisten. Das ist kein Zufall, sondern ein Resultat von gesellschaftlichen Macht- und Arbeitsverhältnissen.[47]

Wenn wir von der endlosen Arbeit erschöpft sind, heißt es, wir hätten nicht gut genug auf uns aufgepasst. Zu wenig Selfcare, zu wenig Routinen, zu wenig Disziplin. Ann-Kristin Tlusty und Wolfgang Schmitt nennen das Kind in ihrem Buch «Selbst schuld!» beim Namen: Systemische Probleme werden auf das Individuum abgewälzt. Wir brennen nicht nur an der Arbeit aus, wir brennen auch an der pausenlosen Arbeit am Selbst aus. Depression? Selbst schuld, hättest mehr Sport machen sollen. Burn-out? Selbst schuld, hättest bessere Grenzen ziehen sollen. Zyklusprobleme? Selbst schuld, hättest mehr Selfcare machen sollen.

Siehst du, wie perfide das ist? Das System, das uns krank macht, verkauft uns die Heilung als individuelles Projekt. Und wenn wir scheitern? Waren wir wieder selbst schuld.

Und genau hier schließt sich der Kreis zu deinem Zyklus. Körper sind ehrlich, menstruierende Körper besonders: Sie fordern Pausen, und zwar regelmäßig.

Doch wir leben in Strukturen, in denen genau das nicht vorgesehen ist. In der Spannung zwischen der systematisch abgewerteten Pause und zyklischer Realität.

Das Wissen um diese Hintergründe ist nicht nur aufschlussreich, es kann für dich machtvoll und kraftvoll sein. Wenn du erkennst, dass das schlechte Gewissen nicht «deins» ist, sondern ein Erbe von Arbeitsethik, Industriekultur und systematisch unsichtbar gemachter Care-Arbeit, dann kannst du es durchschauen. Und deine Pausen als Form von Widerstand ganz bewusst einlegen.

Unsere Vorfahren wussten es besser: Jäger-und-Sammler-Gesellschaften brauchten im Schnitt nur 4 Stunden pro Tag für Nahrungssuche und Arbeit, den Rest nutzten sie für Austausch, Geschichten, Kunst. Und wir so, heutzutage? Kaffee statt Nickerchen. Handy statt in die Weite schauen. To-do-Liste abarbeiten statt für ein paar Augenblicke einem Tagtraum nachhängen.

Dabei sind Pausen Teil von buchstäblich allen Kreisläufen:

Natur: Jahreszeiten wechseln sich ab, Bäume haben Ruhephasen

Körper: Herzschlag = Anspannung und Entspannung, Atmung = Einatmen und Ausatmen

Schlaf: Wir schlafen noch – immerhin! –, aber auch da kämpfen viele gegen ihre Biologie

Musik: Pausen zwischen den Noten machen erst die Melodie

Sport: Regeneration ist fester Bestandteil des Trainings, besonders im Leistungssport

Pausen sind nicht das Gegenteil von Produktivität, sie SIND Teil der Produktivität. Ohne sie gibt es keinen Rhythmus, keine Erholung, keine Kreativität.

Wenn wir es schaffen, die erste Unruhe und das Unwohlsein zu Beginn der Pause auszuhalten, finden wir in einen wichti-

gen regenerativen Zustand, der uns ausgleicht und positive Auswirkungen auf Körper und Geist hat:
Gedächtnis: Schon kurzes waches Ruhen stabilisiert Erinnerungen
Kreativität: Die besten Ideen entstehen oft in Leerlaufmomenten (unter der Dusche, beim Abwaschen ...)
Nervensystem: Bewusstes Atmen beruhigt uns messbar
Wohlgemerkt, das passiert, wenn wir richtige Pausen machen, Leerlauf haben, mal aus dem Fenster starren, ohne Handy spazieren gehen, einfach mal 10 Minuten dasitzen und beobachten, was passiert, ein Nickerchen machen.

WAS GENAU IST EIGENTLICH EINE PAUSE? UND IST PAUSE DASSELBE WIE ERHOLUNG?

Pause heißt laut Duden erst mal nüchtern: eine Unterbrechung. Kurz anhalten, zwischen zwei Aktivitäten stoppen. Klingt simpel und ist es ja auch. Aber genau da fängt das Problem an: Nur weil wir etwas unterbrechen, heißt das noch lange nicht, dass wir uns auch wirklich erholen.
Unter Erholung wird in der Arbeitspsychologie die Wiederherstellung unserer Kräfte verstanden, körperlich und mental. Es geht um das Auffüllen der Batterien, nicht nur ums kurze Stillstehen. Wir können also resümieren: Eine Pause ist nicht automatisch Erholung. Aber ohne Pausen kann keine Erholung stattfinden.
Weißt du, wie sich echte Erholung für dich anfühlt? Wie deine Gedankenwelt aussieht, wenn du erholt bist?
Ich selbst weiß das teilweise bis heute nicht. Ich dachte lange, Serien-Bingen wäre meine erholsame Pause. Aber nach fünf

Folgen fühlte ich mich weder erholt noch lebendig, sondern einfach nur betäubt.* Kennst du das? Du bist völlig fertig, weißt, du brauchst die Pause, machst sie und bist währenddessen weiter gestresst. Du scrollst durch Instagram, checkst E-Mails, hörst nebenbei einen Podcast und fühlst dich nach zwei Stunden immer noch müde, unzufrieden, leer.
Das ist ein Kernproblem: Wir haben in unserer Kultur verlernt, wie eine echte Pause aussieht. Wir verwechseln Unterhaltung mit Erholung, Ablenkung mit Krafttanken. Oft vermeide ich Pausen sogar, weil das Momente der Ruhe sind, in denen ich manchmal spüre, wie es mir gerade WIRKLICH geht. Und das ist nicht immer schön.

WELCHE ART VON PAUSE BRAUCHEN WIR WIRKLICH?

Schlafen ist zwar die wichtigste Erholung und Pause für unseren Körper und Geist. Doch daneben gibt es noch viele andere Formen, sich zu erholen. Dr. Saundra Dalton-Smith hat als Antwort auf diese Frage die 7 Types of Rest – die 7 Arten von Erholung – entwickelt.[48]

1. Körperliche Erholung: Schlafen, Nickerchen, Liegen, Wärme, sanfte Bewegung.
Oft dachte ich: Erholung bedeutet, nur rumzuliegen. Und dann hab ich mit der Zeit gemerkt, dass ich Bewegung brauche, um mich erholt zu fühlen. Das macht den Kopf frei. Ein Spaziergang kann erholsamer sein als eine Stunde auf dem

* No Judgement fürs Bingen. Ich liebe es hin und wieder sehr, es geht aber um die passenden Gründe und Zeitpunkte dafür.

Sofa. Wer hätte das gedacht? Es kommt also immer drauf an, was du und dein Körper gerade wirklich braucht.

2. **Mentale Erholung:** Kopf aus, Abstand, Weite, Stille. Ein Blick ins Grüne oder Journaling statt Grübelschleifen, um mal alles aus dem Kopf rauszuholen.

Das war ein Game-Changer für mich: zu verstehen, dass mein überfordertes Gehirn nicht noch mehr Input braucht, sondern Weite. Keine weiteren Podcasts, sondern mal aus dem Fenster starren. Auch wenn ich am Anfang die Langeweile und Ruhe kaum aushalten kann. Wenn die Schwelle einmal überwunden ist, ist es herrlich wohltuend.

3. **Sensorische Erholung:** Stille, Dunkelheit, Handy weglegen. Reize runterfahren.

Kennst du das Gefühl, wenn du den ganzen Tag Lärm, Licht, Notifications hattest und abends völlig überdreht bist? Deine Sinne brauchen Pause. Handy stumm, Kerze an, Stille. So simpel, so schwer.

4. **Kreative Erholung:** Inspiration ohne Druck. Kunst, Natur, Musik genießen, und zwar ohne Agenda oder Ziel, einfach nur zum Spaß und für dich.

Tue etwas, einfach nur so, ohne einen Zweck zu verfolgen. Einfach weil es dir Spaß macht oder dich inspiriert. Ein Museum besuchen, Musik hören, die Wolken beobachten. Kreativität und Inspiration zu dir kommen lassen.

5. **Emotionale Erholung:** Gefühle da sein lassen, so wie sie gerade sind. Nicht funktionieren müssen, nichts faken. Einfach da sein können.

Das heißt: aufhören, ständig «okay» zu sein. Dir erlauben, heute schlecht drauf zu sein, ohne es sofort ändern zu müssen. Emotionen haben dürfen, ohne sie zu bewerten oder wegzudrücken.

6. **Soziale Erholung:** mit Menschen sein, bei denen man

nichts erklären muss und wirklich einfach so da sein kann, wie man gerade ist. Oder auch allein sein ohne schlechtes Gewissen.
Manchmal ist ein Gespräch mit einer guten Freundin erholsamer als jede Meditation. Nicht immer ist es nötig, alleine klarzukommen.
7. Spirituelle Erholung: Sinn, Verbundenheit, Zugehörigkeit, ob im Wald, im Ritual, in Gemeinschaft.
Das sind Momente, in denen du spürst: Du gehörst dazu. Zur Welt, zum großen Ganzen. Das kann im Gebet sein, in der Natur, beim Sternegucken oder in deiner Community. Da, wo du dich aufgehoben fühlst.

DEIN ZYKLUS ALS SCHLÜSSEL FÜR PAUSEN OHNE SCHULDGEFÜHLE

Dein Zyklus ist ein wertvoller Indikator dafür, wann du mehr Ruhe brauchst und wann deine Energie von selbst zurückkehrt, wenn du dir die nötige Erholung gönnst. Durch Zyklustracking kannst du Muster erkennen und lernen, wann es Zeit ist, wirklich Pause zu machen, und welche Art von Pause du dann brauchst. Dafür sind die «7 Types of Rest» superhilfreich.
Die Schuldgefühle beim Ausruhen und Pausenmachen verschwinden, wenn du bemerkst, wie krass es sich lohnt, sich in bestimmten Phasen des Zyklus auszuruhen, und wie viel mehr Energie du dann hast.
Bei mir z. B. ist es so, dass ich im zyklischen Herbst und Winter viel mehr Ruhe und ruhigere Tagesabläufe brauche. Wenn ich während der Menstruation an Tag 1 und 2 richtig gut ausruhe, kommt ab Tag 3 meine Energie ganz von selbst wieder.

Es ist wirklich, als würde mich eine unsichtbare Kraft von innen heraus von der Couch hochheben, auf der ich bis dahin noch gelegen habe.

Welche der 7 Arten von Erholung willst du ausprobieren? Ich könnte mal wieder sensorische Erholung gebrauchen und freu mich schon auf Momente der Stille im Wald, ohne mein Handy.

Erinnerst du dich an mich im Pool, auf meiner Luftmatratze? *Die Pause hab ich mir verdient* – dieser Satz, der mich erschreckt hat? Für alle, die es noch nicht gehört haben, lasst es uns von den Dächern rufen:

Du brauchst dir deine Pausen nicht verdienen. Du hast sie immer verdient. Dein Körper und Geist brauchen sie.

In der Regel machst du auch jede Nacht eine große Pause: im Schlaf. Da fragst du ja auch nicht: «Hab ich mir heute das Schlafen verdient?» Pausen sind Teil des Lebens und der menschlichen Existenz.

Klar dürfen sich Pausen auch so anfühlen, dass wir sie uns richtig erarbeitet haben und sie dann satt und herrlich zelebrieren. Der Hüttenschmaus nach einer anstrengenden Wanderung, nach einem Work-out auf dem Sofa liegen, die Zufriedenheit nach kognitiver Herausforderung. Unser Gehirn genießt eine gewisse Anstrengung ja auch, sie erfüllt uns mit Sinn und Befriedigung. Das ist natürlich ebenso erlaubt, gut und wichtig.

Ideen für kleine Pausen im Alltag
1. Nimm den tiefsten Atemzug des Tages, jetzt!
2. Spüre deinen Körper (30 Sekunden reichen)
«Was brauchst du gerade?» Nicht dein Kopf, dein Körper. Meistens ist die Antwort simpel: Wasser, Luft, Bewegung, Ruhe. Oder einfach nur wahrgenommen werden.
3. Die wichtigste Frage der Welt
Wenn du wieder mal denkst: Aber ich muss noch schnell ..., frag dich: Was ist wichtiger, das dreckige Waschbecken oder du? Was ist wichtiger, die Krümel auf dem Tisch oder du? (Spoiler: Das ist eine rhetorische Frage!)

FANG KLEIN AN

Du musst nicht gleich dein ganzes Leben umkrempeln. Ein bewusster Atemzug ist schon Gold wert. Ein Nein ohne Rechtfertigung ist schon eine kleine Revolution. Ein Tag, an dem du dich nicht antreibst, sondern die Dinge langsam und in Ruhe machst, bei dir bleibst, wird seine Wirkung entfalten. Gib dir mehr Zeit, um von A nach B zu kommen. Mach kleine Mikropausen über den Tag verteilt. Probier mal eine Mittagspause ohne Handy. Wochenenden ohne Social Media.
Wie wäre es zum Beispiel genau jetzt mit einer kleinen Pause?
Leg das Buch kurz zur Seite. Starre die Wand an und mach nichts. Schau aus dem Fenster. Spüre dich und deinen Körper, da, wo du gerade bist. Nimm einen tiiiiefen Atemzug. Fühle deine Füße auf dem Boden, deine Kleidung auf der Haut, die Luft in deinen Lungen, wie sie ein- und ausströmt.

Wenn du nur einen Gedanken aus diesem Kapitel mitnehmen solltest, dann den hier: Du kannst immer eine kleine Pause machen (tief durchatmen), und du musst dir keine einzige Pause erst verdienen.

Das größte Geschenk unseres Zyklus sind die eingebauten Pausen. Wenn wir uns den Einladungen unseres Körpers neugierig und liebevoll zuwenden, verbinden wir uns wieder mit uns selbst. Diese Verbundenheit gibt uns neue Energie und erweiterten Handlungsspielraum. Genau das, was wir brauchen, um Grenzen zu setzen, Ungerechtigkeiten nicht länger zu schlucken, uns miteinander zu verbünden und dem fucking Patriarchat etwas entgegenzusetzen. Gut ausgeruht sind wir nicht bequem, sondern handlungsfähig. Pausen zu leben, vorzuleben und zu normalisieren, ist Teil der zyklischen Revolution – für uns und für die, die nach uns kommen.

DANK

Ein Buch ist ein Gemeinschaftswerk, auch wenn große Teile davon alleine im stillen Kämmerlein entstehen. Danke, Lena, für deine liebevollen Worte und Umarmungen in genau den richtigen Momenten. Danke, Pauline, für die herrlich wholesome-feministischen Chats und das Dasein, wenn ich mal wieder Anxiety hatte. Und für die kontinuierliche Versorgung mit Winnie-Gram – einfach das Süßeste, wo gibt! Paula, du warst in einem superkritischen Moment für mich da, und ich hätte mir keinen besseren Support für diese Situation vorstellen können. Danke! Steffi, deine Voicenotes und Erinnerungen an meine Kraft und Skills bedeuten die Welt für mich, pure Liebe! Olivia, wie schön, dass wir gemeinsam in die menschlichen Tiefen steigen können und immer empowered wieder rauskommen. Anna, thank you for helping me hold onto all the good things that happen. You are pure love and I'm forever grateful to be your friend. Nori, danke für dein Feedback und das Intro zu Imke, you made a lot of magic possible! Lisa, danke für das cheering me on im Prozess und Sätze wie diesen: «Dieses Buch wird so viele Leben verändern.» Liebe Kiki, danke für den Marketing-Support und die strong bitch. Liebste Iris, danke, dass du immer da bist und die richtigen, sanften und liebevollen Worte findest, wenn ich es gerade nicht kann.

Clariiii, *kreisch*! Danke, dass du mir gleich zu Beginn den Stock aus dem Arsch gezogen und mir so viel Mut zu meiner eigenen Stimme und zum Schreiben gegeben hast. Danke für all die Stunden, die du mit meinen Texten verbracht, und die klugen Gedanken, die du mir geschenkt hast. You are my biggest Cheerleader, und dafür bin ich dir unendlich dankbar. Danke, dass du wirklich jeden Moment in diesem Prozess mit mir feierst, egal wie klein oder groß!

Liebste Kim, danke für unendlich viele Telefonate, das tägliche Einchecken in den harten Phasen und das Feiern der schönen Momente. Ich bin dir so dankbar für deine Begleitung auf diesem Weg. Cheers to many more years of our beautiful friendship!

Danke, N., J. und K., dass ihr eure Geschichte mit mir geteilt habt.

Danke, Prof. Dr. med. Mandy Mangler, Dr. Almut Dorn, Dr. Carmen Cramer und Helene Bukowski für eure Offenheit, euren Support und eure wertvolle Zeit. Danke, Diane Hielscher, dass ich in der Casa Leonora ein Stück von meinem Traum leben durfte.

Besonderer Dank gilt meiner Agentin Imke Rösing und meiner Lektorin Svetlana Romantschuk. Ich hab das Gefühl, mit euch einen absoluten Jackpot gelandet zu haben! Danke für eure herzliche Art, dass ihr mich und meine Arbeit gesehen habt, mir dabei helft, sie voranzubringen und für mehr Menschen zugänglich zu machen. Dafür, dass ich euch immer alles fragen konnte und ihr jedes Mal hilfreiche Gedanken und Perspektiven für mich parat hattet. Danke für diesen absolut wertschätzenden und wohlwollenden Prozess vom Vertrag bis zur Veröffentlichung. So was habe ich noch nie erlebt. Ihr verankert in mir die Erfahrung, dass es auch leicht sein darf, Großes in die Welt zu bringen.

Mario, love of my life! Danke für unzählige Mahlzeiten, Umarmungen, Rumalbern und gemeinsames Chillen in den Schreibpausen. Danke für deine Geduld. Dafür, dass du mich immer wieder frei machen und fliegen lässt. Für deine radi-

kale Akzeptanz und deine wohlige Liebe, in der ich schon seit über 15 Jahren leben und baden darf. Danke für den Gang zum Trampolin im allerwichtigsten Moment und das Gespräch danach. Der Schreibprozess war ein rocky ride, und du warst darin mein warmer, wohliger Fels in der Brandung, auch wenn uns die ein oder andere Welle durchgeschüttelt hat. Wir haben's jetzt geschafft! ;-) I love you.
Danke an alle, die sich für Frauen*gesundheit einsetzen, die nicht müde werden und weitermachen. Wir sind viele, und wir werden mehr.

EMPFEHLUNGEN ZUM LESEN & HÖREN

Zykius, Körper & feministische Gesundheit:

- Cleghorn, Elinor: Die kranke Frau. Wie Sexismus, Mythen & Fehldiagnosen die Medizin bis heute prägen, Kiepenheuer & Witsch, 2022
- Dorn, Schwenkhagen, Rohde: PMDS als Herausforderung. Die prämenstruelle dysphorische Störung als schwerste Form des PMS, Kohlhammer, 2022
- Hill, Maisie: Superpower Periode, VAK, 2020
- Jankovska, Bianca: Potenziell furchtbare Tage. Über Anti-Work, Menstrual Health und das gute Leben, Haymon, 2024
- Mangler, Mandy (Prof. Dr.): Das große Gynbuch, Suhrkamp, 2024
- Peach, Lucy: Period Queen. Life hack your cycle and own your power all month long, Murdoch Books, 2020
- Pope, Alexandra & Hugo Wurlitzer, Sjanie: Wild Power. Dein Zyklus als Quelle weiblicher Kraft, TRIAS, 2019
- Schwachenwalde, Sabina: Ungleich behandelt, Goldmann, 2024
- Wagner, Mirjam (Dr.): Mein PMS und ich. Vor den Tagen endlich wohlfühlen, Herbig, 2023
- Weber, Frances Elisa: Eine Frage der Phase. Warum Frauen anders Sport treiben sollten als Männer, Komplett Media, 2024

Schmerz, Scham, Wut:

- Biringer, Eva: Unversehrt, HarperCollins, 2024
- Fallwickl, Mareike: Die Wut, die bleibt, Rowohlt Hundert Augen, 2022
- Hoeder, Ciani-Sophia: Wut und Böse, hanserblau, 2021
- Kreienbrink, Matthias: Scham. Wie ein machtvolles Gefühl unser Leben neu prägt, Kösel, 2025
- Landsteiner, Anika: Sorry not sorry. Über weibliche Scham, Rowohlt Polaris, 2024
- Schneider, Lea: Scham, Verlagshaus Berlin, 2021
- Späth, Laura: about shame, & Töchter, 2021
- Wittwer, Tara-Louise: Nemesis' Töchter, Knaur, 2025

Beziehungen & Konflikte:

- Gavric, Iris & Renger, Matthias: Du bist das Problem, das ich mir wünsche, Fischer, 2025
- Glover Tawwab, Nedra: Grenzen machen uns frei. Ein Wegweiser sich selbst treu zu bleiben, Unimedica, 2022
- Hielscher, Diane: Liebe neu denken. Dem Geheimnis glücklicher Beziehungen auf der Spur, Knaur, 2022
- Levine, Amir & Heller, Rachel: Warum wir uns immer in den Falschen verlieben: Beziehungstypen und ihre Bedeutung für unsere Partnerschaft, Goldmann, 2015

Feminismus, Gesellschaftskritik & Selbstfürsorge:

- Fritz, Sophia: Toxische Weiblichkeit, Hanser Berlin, 2024
- Hersey, Tricia: Rest is Resistance, Aster, 2024
- Tlusty, Ann-Kristin; Schmitt, Wolfgang M.: Selbst schuld, Hanser, 2024
- Wiesböck, Laura: Digitale Diagnosen. Psychische Gesundheit als Social-Media-Trend, Zsolnay, 2025

Podcasts rund um Zyklus & Menstrual Health:

- *Gyncast – der Gynäkologie-Podcast* von Prof. Dr. Mandy Mangler und Esther Kogelboom, Tagesspiegel
- *The Menstruality Podcast*, Red School
- PMS *Talks* von Dr. med. Mirjam Wagner
- *Wild, Weiblich & Wundervoll* von Mandy Jochmann
- *Zyklusgesundheit leicht gemacht* von Anne Lippold

QR-CODES

DEINE VORLAGE FÜRS ZYKLUSTRACKING

Scanne den QR-Code und starte direkt mit dem Zyklustracking.
Dich erwartet eine übersichtliche Vorlage inklusive einer Liste mit Gefühlen für deine Check-ins.

LUST AUF MUSIK?

Hier geht's zur Playlist zum Buch

Wenn du mehr über meine Arbeit, Coachings und Events erfahren möchtest, schau auf meiner Webseite vorbei:
www.zykluspower.de

GLOSSAR

Acetylcholin: ein Neurotransmitter, der deine Konzentration und Gedächtnisleistung verbessert. In der Follikelphase ist er besonders aktiv und hilft dir dabei, fokussiert und aufnahmefähig zu sein.

Adenomyose: eine Erkrankung, bei der die Gebärmutterschleimhaut in die Muskelwand der Gebärmutter hineinwächst. Das kann zu starken Schmerzen während der Menstruation und zu verstärkten Blutungen führen.

Allopregnanolon: ein Stoffwechselprodukt von Progesteron, das normalerweise beruhigend und angstlösend wirkt. Bei Menschen mit PMDS kann diese Wirkung «umkippen» und stattdessen zu Reizbarkeit oder Aggression führen.

Amygdala: eine Struktur im Gehirn, die für Emotionsverarbeitung, Bedrohungserkennung und Alarmreaktionen zuständig ist. In der Lutealphase kommuniziert sie verstärkt mit anderen Hirnarealen, wodurch du Gefühle tiefer wahrnimmst und emotionale Erinnerungen präsenter werden.

Body Literacy: die Fähigkeit, die Signale und Rhythmen deines Körpers zu verstehen und zu deuten. Es bedeutet, deinen Zyklus, deine Fruchtbarkeit und deine körperlichen Bedürfnisse bewusst wahrzunehmen und dieses Wissen für deine Gesundheit und dein Wohlbefinden zu nutzen.

Default Mode Network: das Netzwerk im Gehirn für Selbstbezug, innere Bilder und biografisches Nachdenken. In der Lutealphase läuft es auf Hochtouren, was erklärt, warum du dann mehr grübelst und dich nach Rückzug sehnst.

Dopamin: der Neurotransmitter für Motivation, Drive und Neugier. Östrogen verstärkt seine Wirkung, weshalb du in der ersten Zyklushälfte mehr Bock auf neue Projekte und Abenteuer hast.

Eispülung / Ovulation: der Moment im Zyklus (meist um Tag 14), wenn die reife Eizelle aus dem Follikel gespült wird und bereit für eine mögliche Befruchtung ist. Hormonell gesehen der Höhepunkt deines Zyklus mit maximaler Energie und Strahlkraft.

Endometriose: eine chronische Erkrankung, bei der sich Gewebe, das der Gebärmutterschleimhaut ähnelt, außerhalb der Gebärmutter ansiedelt. Das kann zu starken Schmerzen, besonders während der Menstruation, und anderen Symptomen führen.

Estradiol: die wichtigste und wirksamste Form von Östrogen in deinem Körper. Es ist hauptverantwortlich für die positiven Effekte auf Stimmung, Energie und Gehirnleistung in der ersten Zyklushälfte.

Follikel: die kleine Hülle im Eierstock, in der die Eizelle heranreift. Nach dem Eisprung verwandelt sich der leere Follikel zum Gelbkörper und produziert Progesteron.

Follikelphase: die erste Hälfte deines Zyklus (ca. Tag 1–14), in der ein neuer Follikel heranreift und Östrogen ansteigt. Du fühlst dich zunehmend energiegeladen, kreativ und nach außen gewandt.

FSH (Follikelstimulierendes Hormon): ein Hormon aus der Hypophyse, das den Startschuss für die Reifung der Follikel in den Eierstöcken gibt. Es ist Teil der Signalkette, die deinen Zyklus vom Gehirn aus steuert.

GABA (Gamma-Aminobuttersäure): der wichtigste beruhigende Neurotransmitter in deinem Gehirn, quasi dein körpereigenes Beruhigungsmittel. Progesteron verstärkt die GABA-Wirkung, was für die beruhigende Wirkung in der Lutealphase sorgt.

Gaslighting: eine Form psychischer Manipulation, bei der deine Wahrnehmung systematisch infrage gestellt wird, bis du an deiner eigenen Realität zweifelst. Im Kontext des Zyklus: wenn dir eingeredet wird, deine prämenstruellen Symptome seien «nur Einbildung» oder du würdest «übertreiben».

Gelbkörper: der verwandelte Follikel nach dem Eisprung, der jetzt Progesteron produziert. Er bereitet deinen Körper auf eine mögliche Schwangerschaft vor und löst sich auf, wenn keine Befruchtung stattfindet.

GnRH (Gonadotropin-Releasing-Hormon): das Starthormon aus dem Hypothalamus, das die ganze Zyklus-Kaskade in Gang setzt. Es signalisiert der Hypophyse, FSH und LH auszuschütten.

Hippocampus: die Gehirnregion, die für Erinnerungen und Lernen zuständig ist. In der Lutealphase kommuniziert er verstärkt mit der Amygdala, weshalb du dich emotionaler an Dinge erinnerst.

Hypophyse: die kleine Drüse im Gehirn, die wichtige Hormone wie FSH und LH ausschüttet. Sie ist die Vermittlerin zwischen Gehirn und Eierstöcken und damit zentral für deinen Zyklus.

Hypothalamus: die Steuerzentrale im Gehirn, die viele Körperfunktionen reguliert und mit GnRH den Startschuss für deinen Zyklus gibt. Er verbindet dein Nervensystem mit deinem Hormonsystem.

Interozeption: die Wahrnehmung deiner inneren Körpersignale wie Hunger, Durst, Herzschlag oder Atmung. Eine gute Interozeption hilft dir, die subtilen Veränderungen im Zyklus wahrzunehmen und darauf zu reagieren.

Leistungsgesellschaft: ein Gesellschaftssystem, in dem dein Wert hauptsächlich über deine Produktivität und Leistung definiert wird. Problematisch für Menstruierende, da unser zyklisches Energielevel nicht zur erwarteten konstanten Leistungsfähigkeit passt.

LH (Luteinisierendes Hormon): das Hormon aus der Hypophyse, das den Eisprung auslöst. Der LH-Anstieg kurz vor der Ovulation ist das Signal für den Follikel, die reife Eizelle freizugeben.

Lineare Gesellschaft / Wirtschaft: ein System, das von gleichbleibender Leistung und konstantem Wachstum ausgeht, ohne natürliche Rhythmen und Zyklen zu berücksichtigen. Steht im Gegensatz zu zyklischem Leben und Arbeiten.

Lutealphase: die zweite Zyklushälfte. Sie geht von der Eispülung / Ovulation bis zur nächsten Blutung (ca. Tag 15–33), geprägt von Progesteron. Du hast in der Zeit mehr Bedürfnis nach Ruhe, bist aber auch mit geschärftem Blick für Details unterwegs und spürst evtl. eine erhöhte emotionale Sensibilität.

Mentale Gesundheit: dein psychisches und emotionales Wohlbefinden – wie du denkst, fühlst und mit Herausforderungen umgehst. Der Zyklus beeinflusst deine mentale Gesundheit direkt durch die Wirkung der Hormone auf dein Gehirn.

Menstruation: die monatliche Blutung, bei der die aufgebaute Gebärmutterschleimhaut abgestoßen wird (Tag 1–5 des Zyklus). Ein komplexer Erneuerungsprozess und gleichzeitig die Phase mit dem niedrigsten Hormonspiegel, weswegen du dich in der Zeit müde, dünnhäutig und erholungsbedürftig fühlen kannst.

Neurotransmitter: chemische Botenstoffe, die Signale zwischen Nervenzellen übertragen – wie Nachrichten in einem Messenger. Sie wirken sich auf deine Stimmung, Motivation und Wahrnehmung aus und werden stark von deinen Zyklushormonen beeinflusst.

Östrogen: das «Glitzerhormon», das in der ersten Zyklushälfte dominiert und für Energie, Motivation und soziale Strahlkraft sorgt. Es fördert die Bildung von Synapsen im Gehirn und erhöht die Konzentration von Serotonin und Dopamin.

Patriarchat: ein Gesellschaftssystem, in dem Macht und Privilegien hauptsächlich bei Männern liegen und «männliche» Eigenschaften höher bewertet werden. Es pathologisiert oft natürliche weibliche Körperprozesse wie den Menstruationszyklus.

PCOS (Polyzystisches Ovarialsyndrom): eine hormonelle Störung, bei der viele kleine Zysten in den Eierstöcken entstehen und der Hormonhaushalt aus dem Gleichgewicht gerät. Kann zu unregelmäßigen Zyklen, verstärktem Haarwuchs und anderen Symptomen führen.

PMDS (prämenstruelle dysphorische Störung): eine ernst zu nehmende Störung, bei der das Gehirn besonders sensibel auf die natürlichen hormonellen Schwankungen in der zweiten Zyklushälfte reagiert – wie eine «allergische Reaktion». PMDS ist nicht einfach eine schwerere Form von PMS, sondern zeigt sich vor allem durch intensive psychische Symptome wie Depression, Angst oder Reizbarkeit, die den Alltag massiv beeinträchtigen. Betrifft etwa 3 bis 8 % aller Menstruierenden und entsteht nicht durch ein Hormonungleichgewicht, sondern durch eine Überempfindlichkeit des Gehirns gegenüber normalen Hormonfluktuationen.

PMS (prämenstruelles Syndrom): ein Sammelbegriff für etwa 150 verschiedene körperliche und emotionale Symptome, die in der zweiten Zyklushälfte auftreten. Dazu gehören Stimmungsschwankungen, Brustspannen, Müdigkeit oder Heißhunger – betrifft etwa 75 % aller Menstruierenden mindestens einmal in ihrem Leben, oftmals leider regelmäßig.

Post-Ovulation Dip: kurzzeitiger Stimmungs- oder Energieabfall 1 bis

2 Tage nach dem Eisprung. Er entsteht durch das abrupte Absinken des Östrogenspiegels, während das Progesteron ansteigt. Viele erleben den Dip als kurze emotionale Delle nach der Ovulationsphase, bevor sich in der folgenden, stabileren Lutealphase (Spätsommer / Frühherbst) wieder Balance einstellt.

Präfrontaler Kortex: der Bereich im Gehirn, der für Planung, Sprache, Empathie und Selbstregulation zuständig ist. Östrogen verstärkt hier die Vernetzung, weshalb du in der ersten Zyklushälfte strategischer denken kannst.

Progesteron: das «Kuschelhormon» der zweiten Zyklushälfte, das beruhigend und stabilisierend wirkt, aber auch verlangsamend. Es macht dich empfindsamer und erhöht dein Bedürfnis nach Ruhe und Rückzug.

Prostaglandine: Gewebshormone, die Muskelkontraktionen und Entzündungsreaktionen auslösen. Sie sind wichtig für das Abstoßen der Gebärmutterschleimhaut während der Menstruation, aber auch verantwortlich für Regelschmerzen.

Serotonin: der «Glücksbotenstoff», der deine Stimmung stabilisiert und für Gelassenheit sorgt. Östrogen erhöht die Serotoninkonzentration, weshalb du dich in der ersten Zyklushälfte oft ausgeglichener fühlst.

Testosteron: das Hormon für Lust, Risikofreude und Durchsetzungskraft, das seinen Höhepunkt um den Eisprung hat. Es ist in geringerer Dosis als bei Männern vorhanden, sorgt aber trotzdem für spürbare Effekte wie mehr Selbstbewusstsein und Libido.

Zyklus / Menstruationszyklus: der durchschnittlich 29-tägige Rhythmus von Körpern mit Uterus, der durch ein komplexes Zusammenspiel von Hormonen gesteuert wird und von einer Menstruationsblutung zur nächsten führt. Ein organischer Prozess, der nicht nur deine Fruchtbarkeit, sondern auch dein Denken, Fühlen und Verhalten beeinflusst.

ENDNOTEN

1 Epperson et al., 2012 (https://pubmed.ncbi.nlm.nih.gov/22764360/, 22.11.2025); Owens & Eisenlohr-Moul, 2018 (http://pmc.ncbi.nlm.nih.gov/articles/PMC7193982/, 22.11.2025)

2 https://www.iapmd.org/pmdd, 22.11.2025

3 https://www.who.int/europe/de/initiatives/the-pan-european-mental-health-coalition, 22.11.2025

4 https://4mhealth.uk/ und https://www.frontiersin.org/journals/global-womens-health/articles/10.3389/fgwh.2023.1258973/full, 22.11.2025

5 https://www.deutsche-digitale-bibliothek.de/item/35BHRZHVA65567CO3SIDCPDMQROLNZZW, 22.11.2025

6 https://www.rootsofcompassion.org/frauenkorper-neu-gesehen-meritt, 22.11.2025

7 https://nationalgeographic.de/themen/wissenschaft/2022/06/vom-baum-ins-bett-warum-wir-heute-anders-schlafen-als-frueher/, 05.08.2025

8 https://www.mpg.de/20964081/1013-nepf-the-menstrual-rhythm-of-the-brain-149575-x, 22.11.2025 und https://www.nature.com/articles/s44220-023-00125-w, 22.11.2025

9 https://www.frauenaerzte-im-netz.de/koerper-sexualitaet/entwicklung-pubertaet/, 22.11.2025 und https://journals.physiology.org/doi/full/10.1152/physrev.00032.2022, 22.11.2025

10 https://www.mpg.de/23607874/1018-bich-ovulation-filmed-in-real-time-17216463-x, 22.11.2025; https://pmc.ncbi.nlm.nih.gov/articles/PMC11567896/, 22.11.2025; https://www.youtube.com/shorts/rhZ9dGk9y-M, 22.11.2025 sowie https://www.youtube.com/watch?v=UDz-Srl6FdU

11 https://www.mpg.de/20964081/1013-nepf-the-menstrual-rhythm-of-the-brain-149575-x, 22.11.2025 und https://www.nature.com/articles/s44220-023-00125-w, 22.11.2025

12 https://www.zeit.de/2024/16/weiblicher-zyklus-periode-blut-geschichte, 01.12.2025
13 Dr. Mirjam Wagner – Mein PMS und ich, 2023
14 *Raffi, E.R., Freeman, M.P. (2017). The Etiology of* PMDD. | *Magnay, J.L., Ismail, K.M.K. (2007). The Premenstrual Syndromes* – PMS *and* PMDD.
15 vgl. auch Gespräch mit Dr. Almut Dorn sowie «PMDS als Herausforderung» von Dr. Almut Dorn, Dr. med. Anneliese Schwenkhagen und Prof. Dr. med. Anke Rohde, 2022, Kohlhammer
16 https://www.frontiersin.org/journals/psychiatry/articles/10.3389/fpsyt.2023.1140796/full, 01.12.2025
17 Lally, P., van Jaarsveld, C.H., Potts, H.W., & Wardle, J. (2010). «How are habits formed: Modelling habit formation in the real world.» European Journal of Social Psychology, 40(6), S. 998–1009. Gardner, B., Lally, P., & Wardle, J. (2012). «Making health habitual: the psychology of ‹habit-formation› and general practice.» British Journal of General Practice, 62(605), S. 664–666. Singh, B., Murphy, A., Maher, C., & Smith, A.E. (2024). Time to Form a Habit: A Systematic Review and Meta-Analysis of Health Behaviour Habit Formation and Its Determinants. Healthcare, 12(23), S. 2488, https://www.mdpi.com/2227-9032/12/23/2488, abgerufen am 19.7.2025.
18 https://www.sciencedirect.com/science/article/pii/S2666354622001260, 29.11.2025
19 https://www.health.harvard.edu/staying-healthy/understanding-the-stress-response
20 Barrett, 2017; Nummenmaa et al., 2014
21 Laurie Nummenmaa et al., 2014: https://pubmed.ncbi.nlm.nih.gov/24379370/, 29.11.2025
22 Kluge, Etymologisches Wörterbuch, https://www.dwds.de/wb/etymwb/schmerz, 13.01.2026
23 https://pmc.ncbi.nlm.nih.gov/articles/PMC10750128/, 29.11.2025
24 https://www.frontiersin.org/journals/medicine/articles/10.3389/fmed.2022.1038525/full
25 https://www.miracare.com/blog/medical-gaslighting
26 https://www.frontiersin.org/journals/public-health/articles/10.3389/fpubh.2023.1125113/full

27 Eva Biringer, «Unversehrt», 2024, S. 158

28 Ebd., S. 176

29 https://www.podcast.de/episode/694673450/maria-popov-kein-bock-auf-sex-und-das-ist-okay-20, 29. 11. 2025

30 https://taz.de/Journalist-ueber-ein-schmerzhaftes-Gefuehl/!6100413/

31 Kluge, Etymologisches Wörterbuch, https://www.dwds.de/wb/etymwb/Scham, 13. 01. 2026

32 https://taz.de/Journalist-ueber-ein-schmerzhaftes-Gefuehl/!6100413/, 29. 11. 2025

33 Laura Späth: about shame, 2021, S. 184

34 https://www.presseportal.de/pm/18591/5516378

35 https://link.springer.com/article/10.1186/s12889-024-20936-5, 29. 11. 2025

36 https://taz.de/Journalist-ueber-ein-schmerzhaftes-Gefuehl/!6100413/

37 Vgl. Ciani-Sophia Hoeder, Wut und Böse, 2021

38 Ciani-Sophia Hoeder, Wut und Böse, 2021, S. 184

39 Ebd., S. 13

40 Vgl. Ciani-Sophia Hoeder, Wut und Böse, 2021, S. 116–117

41 Vgl. Amir Levine und Rachel Heller, «Warum wir uns immer in den Falschen verlieben: Beziehungstypen und ihre Bedeutung für unsere Partnerschaft», 2015

42 https://de.wikipedia.org/wiki/Die_protestantische_Ethik_und_der_Geist_des_Kapitalismus

43 https://www.arbeitswissenschaft.net/angebote-produkte/zahlendatenfakten/geschichtlicher-abriss-zur-ruhezeitregelung und https://www.deutschlandfunk.de/max-weber-das-stahlharte-gehaeuse-des-kapitalismus-100.html

44 https://lenscoffee.com/pan-american-coffee-bureau/ und https://www.brandeins.de/corporate-services/projekte/kaffee-in-zahlen/2019/wissen-was-guttut

45 Gapp et al., 2014, https://pubmed.ncbi.nlm.nih.gov/24728267/

46 https://edoc.bbaw.de/opus4-bbaw/frontdoor/deliver/index/docId/3587/file/BBAW_FB44_Kap12.pdf, BBAW Bericht zur Epigenetik

47 https://www.boeckler.de/de/auf-einen-blick-17945-20845.htm
48 https://ideas.ted.com/the-7-types-of-rest-that-every-person-needs/, 30.11.2025